全国高等院校人物形象设计专业
“十二五”规划教材

形象设计表现技法

Image Design Representation

王涛鹏　编著

中国轻工业出版社 | 全国百佳图书出版单位

图书在版编目（CIP）数据

形象设计表现技法 / 王涛鹏编著. —北京：中国轻工业出版社，2018.3
全国高等院校人物形象设计专业“十二五”规划教材
ISBN 978-7-5019-9387-1

Ⅰ. ① 形… Ⅱ. ① 王… Ⅲ. ① 人物形象－设计－高等学校－教材 Ⅳ.① B834.3

中国版本图书馆CIP数据核字（2013）第176317号

责任编辑：毛旭林
策划编辑：李 颖 毛旭林　　责任终审：孟寿萱　　封面设计：锋尚设计
版式设计：锋尚设计　　责任校对：吴大鹏　　责任监印：张 可

出版发行：中国轻工业出版社（北京东长安街6号，邮编：100740）
印　　刷：北京京都六环印刷厂
经　　销：各地新华书店
版　　次：2018年3月第1版第2次印刷
开　　本：889×1194 1/16　　印张：9.5
字　　数：329千字
书　　号：ISBN 978-7-5019-9387-1　定价：39.00元
邮购电话：010-65241695
发行电话：010-85119835　　传真：85113293
网　　址：http：//www.chlip.com.cn
Email：club@chlip.com.cn
如发现图书残缺请与我社邮购联系调换
180202J1C102ZBW

前言 PREFACE

随着人物形象设计、化妆设计、发型设计、服装服饰设计与人们实际生活的关系日益紧密，人们对整体人物艺术造型设计的要求越来越高，艺术设计造型的自身价值得到体现，随之而来的附加值也是不可估量的。

优秀的人物形象艺术设计作品是多方面知识的综合应用，如：对造型的认识、对生活的理解、对综合材料的应用、对人文和历史的感悟等，而形象设计表现技法又是其中最重要的基础知识，是优秀整体人物造型设计作品的重要组成部分。

目前我国正在大力加强高职高专教育，其教学质量的好坏，会直接影响中国未来职业教育的水平，甚至会影响基础设计产业的发展。在人物形象设计专业中，加强基础表现技法的学习和训练，提高基础技法和设计应用能力水平，是美术教育工作者一项艰巨且非常重要的任务。

本教材从人物形象设计专业、服装服饰设计专业的特点出发，重视和加强表现技法基础教育的同时改进和加强训练方法，以改变目前学生手绘基础比较差的局面，突出课程教学的直观性和可操作性。主要体现在如下几点：

1．加强学生对基础表现技法知识与专业实训课程之间关系的认识，使其真正意识到基础的重要性。

2．在课程案例内容设置中，紧密围绕人物形象设计专业的真实案例进行导入和分析，使表现技法知识与专业知识紧密联系。

3．用表现技法的原理和方法，分析设计整体人物形象设计作品，尤其是分析色彩美学、人文历史的知识应用、整体人物造型的获取方法和手段。

4．在紧密联系专业真实案例的基础上，构建相对完整的教学体系和结构。

本教材的重点章节中都有与人物形象设计专业相对应的训练课题设计，在最后的实践教学课堂中，也设计了大量的课题训练内容，其目的有二：一是为了使教学目标更加明确，使学生明确所研习课题的目的和意义；二是在巩固以往知识的基础上，对学生的学习效果进一步提高和训练，并有助于教师对学生进行量化评价。

全书共七章，针对艺术院校人物形象设计专业和服装服饰设计应用型人才的培养目标，系统地介绍了人物形象设计表现技法概述、人物形象设计表现技法的基础、化妆艺术表现技法、发型艺术表现技法、服装构成艺术表现技法、主题设计艺术表现技法、人物形象设计艺术表现的综合技法，并注重体现时代精神、挖掘深蕴的人文内涵、加强读者应用能力和技能训练，力求教学内容和教材结构的创新。

本书由北京财贸职业学院多年从事基础课程教学的教师王涛鹏编著，由具有极高专业造诣与丰富教学和实践经验的杜莉老师指导，在教材的编写过程中，得到了相关企业、专家的大力支持，在此表示深深的感谢！

由于时间、精力所限，书中难免存在疏漏和不足，恳请专家和广大读者给予批评指正。

本教材在写作过程中，得到了北京市属高等学校人才强教深化计划“中青年骨干人才培养计划”的支持。

编者

2013年2月

目　录　CONTENTS

Chapter I
第一章 人物形象设计表现技法概述

Chapter II
第二章 人物形象设计表现技法的基础

Chapter III

第三章 化妆艺术表现技法

Chapter IV

第四章 发型艺术表现技法

Chapter V

第五章 服装构成艺术表现技法

Chapter 1

第一章 人物形象设计表现技法概述

教学目的

- 了解人物形象设计表现的意义；
- 了解人物形象设计表现的功能和作用；
- 掌握人物形象设计表现的方法；
- 掌握人物形象设计表现的思维方法和观念意识。

重点难点

1. 人物形象设计表现的基本含义。
2. 人物形象设计表现的方法。
3. 人物形象设计表现的写实技法。
4. 人物形象设计表现的意义。

教学内容

本章重点讲授：人物形象设计艺术表现的基本含义、人物形象设计艺术表现的方法、人物形象设计艺术表现的意义、再现和表现的基本技法、写意技法等。通过本章内容的学习，对人物形象设计艺术表现有初步的了解，并为进一步深入学习表现技法做好准备。

第一节 人物形象设计表现的基本含义

一、人物形象设计表现的基本含义

对于人物形象设计表现的基本含义，可以从狭义和广义两个角度来理解和学习。

狭义角度的含义，是指通过人物形象设计效果图的形式进行艺术设计和表现，主要是针对人物的发型、化妆、服装、整体造型、整体色彩搭配等进行艺术设计。这是一种艺术造型的设计手段和方法，也是进行人物整体造型设计的一种参照。如图1-1所示为整体人物造型效果图，如图1-2所示为化妆造型效果图。

广义角度的含义，是通过人物形象设计效果图，来表现设计师的创造性思维、对人物形象设计艺术构思的个性化风格设计、对人物艺术风格的个性塑造、对人物审美意境的塑造等。

二、人物形象设计表现的形式

人物形象设计表现，是针对人物进行整体的造型设计，因此，需要表达造型师对人物的理解、对艺术的把握、对时尚的解读，通过运用效果图、草图、工艺图以及设计方案等形式，将造型师的设计思路艺术地表现出来，并能够良好地与被设计者进行沟通，达到完美体现设计师意图、完美表现被设计者的目的。

人物形象艺术表现，是设计者根据被设计者或者主题的要求，运用艺术的构思方法，经过素材的提取、转换、反复的修订等，在此过程中，融入设计者的联想、想象、对美的整体认识和理解，最终对主题进行的艺术设计表现。

图1-1 整体造型效果图

图1-2 妆面效果图

三、人物形象设计表现的原则

1. 表现形式具有时代特色

不同的时代，审美标准和审美理想都是有差异的，人物形象设计应该在化妆、发型、服装、整体造型等方面都符合时代的审美标准和特色，才能满足人们对时代美的追求，才会体现人物形象设计艺术表现的意义。因此，在进行艺术表现的时候，要充分了解和学习主题元素的含义，要对不同的艺术文化形式、民族风格、宗教信仰等进行分析，甚至要了解社会经济发展状况，最终用时代的元素进行主题的创意表现。如图1-3所示为结合了京剧中美猴王脸谱造型的妆面设计效果；如图1-4所示为结合了京剧造型的整体形象设计。独特的设计理念与传统元素的完美结合，体现了设计师独特的设计视角和审美观念。

青花瓷图案是中国传统图案，除此之外中国还有很多传统元素可以为现代设计所应用。2008年北京奥运会期间，包括青花瓷在内的很多传统元素被应用在设计造型中。如图1-5所示为应用青花瓷图案设计的妆面表现效果图；图1-6所示为应用青花瓷图案设计的服装造型效果图。由此可见，传统元素被赋予了时代特色，其传统底蕴具备非常独特的表现效果，而传统元素也应该是被设计师重视的设计点。

2. 表现形式符合审美规律

人物形象艺术表现，需要表现的主要内容是人物的化妆、发型、服装、整体造型等内容，因此，要符合一定的审美规律，前期的素描、色彩、艺术造型欣赏等基础课程内容的学习非常必要，造型设计要有形式美、结构美、色彩美、平衡美、节奏韵律美等。形式美是指在效果图的艺术表现、绘画技法和表现手法、整体造型效果的设计等方面具有良好的视觉效果。结构美，是指画面的布局、比例、组合构成形式等具有美感。

▲ 图1-3　特色妆面设计

▶ 图1-4　创意京剧造型设计

以平衡美为例，在设计图中，可以是完全的对称和平衡，也可以是重量和心理感受上的对称和平衡；在妆面的设计效果图中，对称可以达到心理上的平衡美感，非对称式样的设计，可以使妆面具有动感和非对称的美感，采取哪种设计形式，更多的是根据整体造型效果的要求。如图1-7所示为传统对称图案；如图1-8所示为非对称效果的妆面设计效果图。

唯美的造型设计可以引起人对美的强烈感悟和体会，自然界中的很多主题都可以作为设计元素，自然界中的很多元素也极具形式美感。如图1-9所示为以蝴蝶为主题的化妆造型设计效果图，妆面和谐自然，充分体现了蝴蝶的形式美和色彩美。

图1-5　青花瓷妆面效果图

图1-6　青花瓷服装设计效果图

图1-7　传统对称图案

图1-8　非对称妆面设计

图1-9　蝴蝶主题化妆造型设计效果图

图1-10　个性化效果图

图1-11　清新自然风格的效果图

3. 表现形式具有鲜明的个性特色

鲜明的个性特色，是指在外观的表现形式上，特点突出、表现设计对象的独特气质、具备与众不同的表现手法等，这是对人物形象设计艺术表现极高的标准和要求，为了达到这个目的，设计师要充分了解时尚元素，并能够融合自己的艺术设计感受，充分领悟时尚并在设计中结合设计对象特点，进行个性特点的设计和审美意境的表达。如图1-10所示为一幅非常有个性特点的装饰画风格效果图，在色彩的选择上，采用绿色的皮肤，人物五官、身体比例夸张变形，色彩搭配浓重艳丽，个性鲜明。

个性化效果图的风格有很多种，如图1-11所示为清新自然风格的效果图，在该作品中，色彩清新自然，人物比例符合自然规律，表现了女性唯美、古典、优雅的气质。

第二节　人物形象设计艺术表现的方法

手绘形象设计效果图，是人物形象艺术表现的主要方法，是对人物进行造型设计的前提，这种效果图最早出现在西方，画家通过各种不同的表现手法，体现设计主题，要求具备一定的绘画基本功，表现形式也多种多样。

一、手绘形象设计效果图表现技法的应用

这种方法是通过具象或者抽象的形式表现人物造型，技法的应用上种类繁多，可以平涂、晕染、揉抹、撇丝、肌理表现等，可以广泛应用在表现化妆、发型、服装服饰设计等方面，例如可以表现头发的色彩挑染、大面积的晕染、立体层次效果、服装的各种质感、各种肌理效果等。这种方法具有多样化、独特性的特点。如图1-12所示为应用特殊的材料如折纸、彩色贴纸的肌理效果制作的整体效果图，这种效果可以更加接近真实的成品，也可以锻炼设计师的立体空间思维。

（a）

（b）

图1-12 立体肌理效果

图1-13 写意整体造型表现

二、写意技法表现的应用

写意技法就是用简练的笔法描绘和概括复杂的景物，笔法挥洒自如、简练流畅、追求气势和韵律的流动，要求设计者具有极强的概括和归纳的能力。优秀的写意画作品，可以表现设计者完美的画面布局能力和技巧。这种技法可以通过学习和借鉴中国写意画来锻炼基本功。如图1-13所示为具有写意风格的整体人物造型设计效果图，该作品笔法简练，不过多地描绘人物的各种细节，通过阴影效果体现画面的立体感和光感。

三、写实技法表现的应用

写实技法是指，无论是面对真实存在的物体，还是想象出来的对象，绘画者总是用严谨的写实手法，从比例、色彩、光源等角度描绘客观的物质，而不是用抽象的符号表现对象，除了真实的细节外，还要真实地再现典型环境中的典型人物造型。反映在人物形象艺术表现中，就是要严格按照现实的人物比例、色彩、化妆、发型、服装等，尽量真实地表现造型，写实技法表现的设计效果图，能够比较贴近真实的人物造型，避免效果图与实际造型之间的巨大差异。如图1-14所示为写实整体造型，如图1-15所示为写实发型表现效果。

◀ 图1-14　写实整体造型表现

▲ 图1-15　写实发型表现

四、装饰画技法表现的应用

装饰画技法表现的内容特点是侧重于欣赏，其形式特点表现在造型上有一定程度的图案化和比例上的夸张，在色彩上表现为平面空间的对比关系，也就是色彩以平涂形式为主，一般不强调三维空间的真实光影和透视等因素。它不同于一般的绘画，它是通过各种装饰性的特殊手段来创作，例如各种编制和布艺等装饰材料的拼贴、特殊肌理效果的表达、电烙铁的烙画等，以达到特定的装饰美感。它是一种受图案规律影响的独特绘画形式，或者说是一种介于绘画和图案之间的边缘艺术。

如图1-16所示为装饰性效果的整体人物造型设计，该作品的色彩采用平涂勾线的手法，色彩的搭配和选择也具有一定的主题深意，具有一定的欣赏性。

（a）

（b）

图1-16　装饰性效果图表现

图1-17　个性发型设计效果图

具有个性化装饰画风格的效果图，一般都具有非常独特的审美性，如图1-17所示为一幅审美性极强的个性发型设计效果图，该作品中的发型用夸张变形的花朵、抽象图案为灵感来源，表现形式灵活有动感，发型边缘参差不齐的变化、独特的色彩选择，使整体效果图极具个性美感。

第三节　人物形象设计艺术表现的意义

人物形象艺术表现是通过手绘效果图的形式表现设计师的意图，通过形象化的设计、对艺术的再造或者再现、个性风格的表现等，可以加强与被设计者、模特、导演、舞台美术及观众的交流和沟通，加强艺术信息的传递。

一、个性化设计风格的表现

完美的个性化设计风格，表明设计师具备成熟的、极强的人物造型设计能力，是设计师具备独特艺术风格的反映，个性化的设计风格有可能是一种固定的风格形式，也有可能是多样化的风格，这其中包含了设计师的文化艺术修养、对模特的独特感悟、自身的性格爱好等各种因素。因此，对于设计师而言，具备独特的个性化设计风格是一种自身的标志，是设计师终身追求的目标。如图1-18所示为简洁明快设计风格的作品。

二、再现和表现人物形象

再现和表现都是艺术表达手段，确切地说，再现是设计者或者设计主体，在创造设计的前提下，客观地反映对象的内在本质，是一种相对客观的再次反映：而表现则是强调设计师的个性化体现，强调设计师的个性审美理想和原则，并渲染人物或者模特。无论再现或表现，都是艺术处理客观对象的手法。

三、沟通交流和传递设计意图

通过形象艺术设计效果图的呈现，可以与他人进行设计造型方面的沟通和交流，设计师可以在观察模特或对象、通过交流咨询的前提下，迅速用绘画形式的设计效果草图或简要的设计方案，征求被设计者的意见，明确需要表达的设计目的和意图，这种形式便于反复修改，避免直接在模特脸上、全身进行造型并反复擦洗等麻烦。如图1-19所示为夏奈尔设计手稿草图。

◀ 图1-18　个性化风格的整体人物艺术表现效果

▲ 图1-19　夏奈尔设计手稿草图

第四节 基本工具和材料

质地好的绘画工具和材料，非常有利于效果图的表现，表现技法中，常用的工具和材料有：胶带或者胶带、画纸、铅笔、橡皮、马克笔、彩色铅笔、美工刀等，如果绘画空间足够大，还可以准备有一定倾斜角度的画架子。质地良好的画纸，能够充分体现画面的层次感，能够很好地表现有色笔的效果，还能够保证经过橡皮的反复擦涂而不起毛；马克笔有各种不同的种类，笔头有圆头的、有带斜面的，可以根据个人绘画习惯来选择。

如图1-20~图1-24所示为各种工具和材料。

图1-20 胶带

图1-21 画纸

图1-22 马克笔

图1-23 彩色铅笔

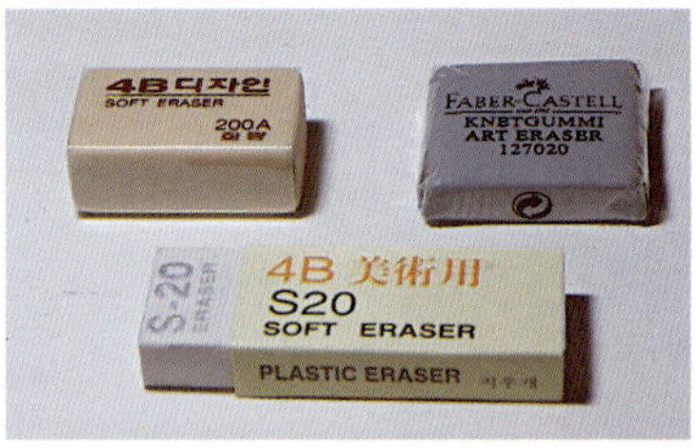

图1-24 橡皮

总结归纳

在本章中，我们初步了解了人物形象艺术表现的基本含义、艺术表现的方法和手段、学习艺术表现的意义。通过本章的学习，我们还认识到，人物形象艺术表现需要设计者具备多种艺术素养和良好的审美能力，因此，要求设计者不断地学习其他相关艺术门类、各种文化知识，关注流行元素，关注社会问题和现象。

思考与练习

1．人物形象艺术表现通过什么形式来表现?

2．人物形象艺术表现的主要表现方法有哪些?

3．人物形象艺术表现有怎么的意义?

实训课堂

1．尝试用彩色铅笔表现某一个主题的人物形象设计效果图。

2．尝试用材料拼贴的方法来表现某一个主题的人物形象艺术表现效果。

Chapter II

第二章 人物形象设计表现技法的基础

教学目的

- 掌握人物手和脚的画法；
- 掌握人物五官的画法；
- 掌握人体比例和人体的画法；
- 掌握人体动作和姿态的画法。

重点难点

1. 人物手和脚的绘画比例关系。
2. 人物五官的比例关系，怎样完美地表现人物的五官。
3. 人体比例关系以及人体与手脚、五官的搭配。
4. 人体动作和姿态绘画方法的熟练掌握。

教学内容

本章重点讲授：人物手和脚的基本画法、人物五官的画法、人体比例与人体画法、人体动作和姿态的画法。本章从局部到整体，重点训练与人物整体形象设计相关的各个部位以及整体人物的绘画方法，本章内容是整体人物设计的基础，需要大量的实训过程，要求反复地临摹训练，这样才能为整体人物造型的设计打好基础。

第一节　手和脚的画法

一、手的结构

要画好手，应该首先了解手的简单解剖结构。手由八个腕骨、五根掌骨等组成。腕骨和下臂的尺骨、桡骨相互衔接，又和手掌相互衔接，起到支配腕关节各种屈伸和滑动的作用。如图2-1所示为手骨结构图。

二、手的表现

1. 手的比例关系

正面手掌长度：正面手的中指长度是4：3。

正面手掌长度：背面手中指长度是1：1。

正面手的中指长度：手掌阔是1：1。

手掌伸开的长度，等于人脸从发际线到下颌的长度。

如图2-2所示为手掌长度与脸长度的比例关系。

2. 画手的步骤

画手的时候，应该先将手进行整体刻画，比如可以将整个手想象成一个几何形体，然后再将手掌和手指头分别刻画成几何形状，最后逐步进行细部刻画，这种画法非常像画素描时的起稿阶段，因此，如果有一定的素描基础，并掌握了手部对应的比例结构，画好手并不难。

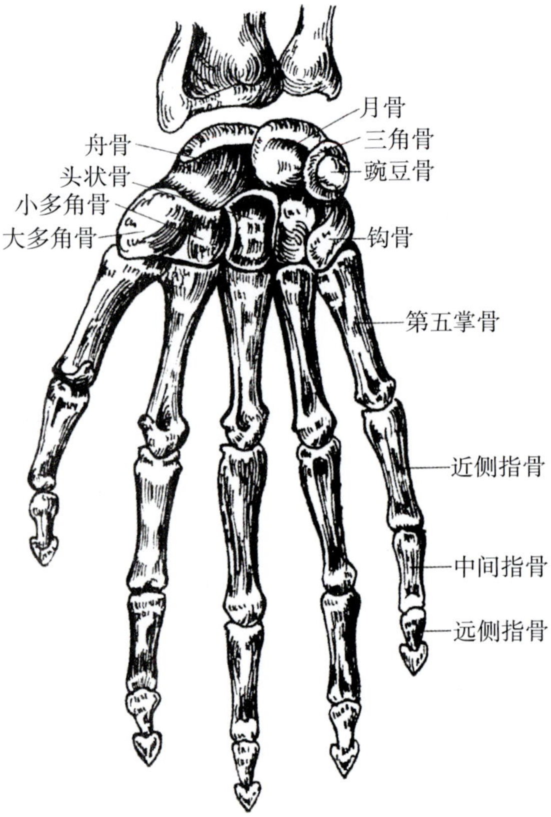

图2-1　手骨结构图

图2-2　手掌长度与脸长度的比例关系

在形象设计效果图中表现手，不见得将每一个手指头都表现得非常细致，可以采用详略得当的方法，比如：将大拇指以外的四个手指头表现成一个整体。因此，在刻画的时候，还是要根据实际需求和美感来具体表现。如图2-3所示为手的画法。

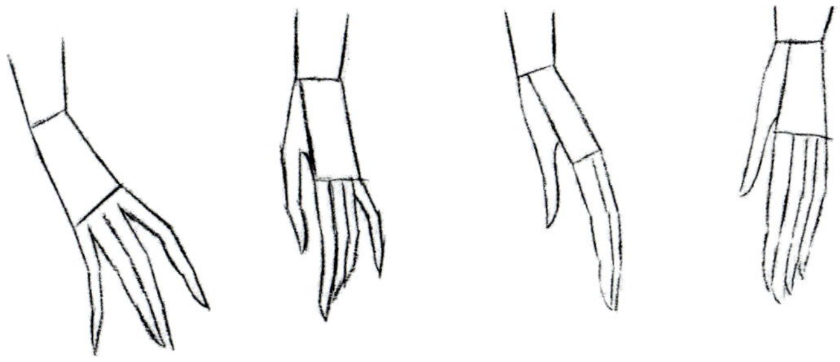

图2-3 手的画法

3. 女性手的表现

在表现效果图中，女性的手是优雅、纤细、修长、柔美的，画的时候，应该将骨节弱化，手指拉长，手掌缩短。可以将手想象成一个几何形体，轻轻地画出手部的整体轮廓结构，然后加上拇指和其他手指，最后调整细部结构。如图2-4所示为女性手的各种姿态。

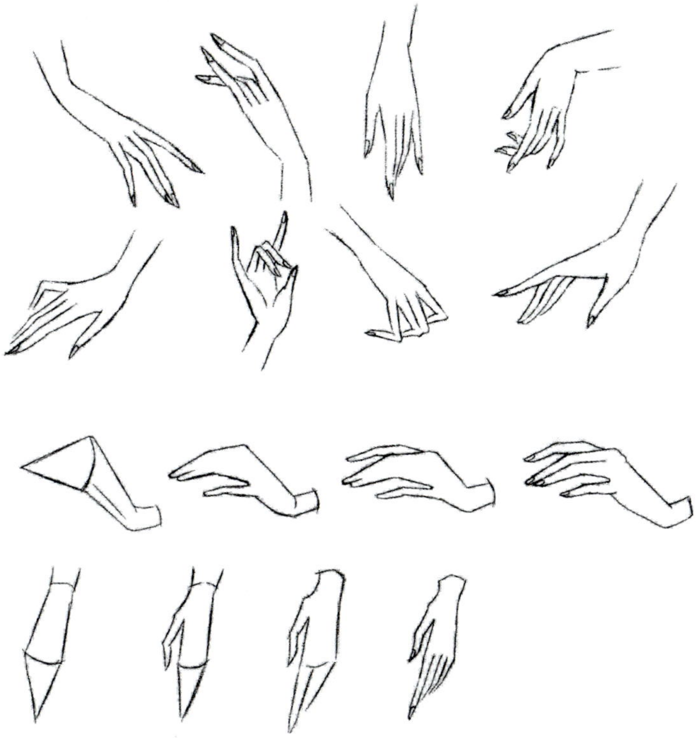

图2-4 女性手的各种姿态

4. 男性手的表现

男性的手比女性的要方硬、骨节和手指头都要粗大很多，基本比例与女性的一样，手指头和手掌的比例接近相等；在姿态表现上，男性的手在髋部摆放时，靠拇指和其他手指撑起；放松时，手指弯曲。在绘画的时候，与画女性手一样，可以把整个手想象成一个几何形体，用直线归纳整个手，轻轻画出整个轮廓，然后加上突出的骨节和手指。如图2-5所示为男性手的各种姿态。

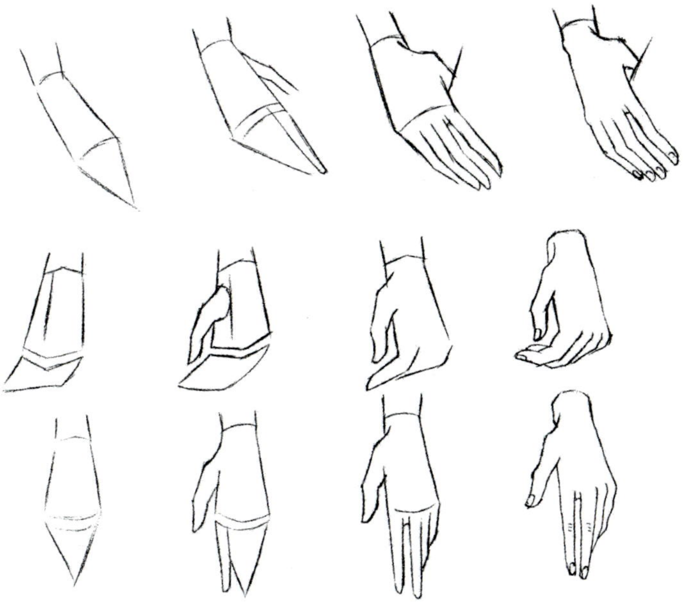

图2-5 男性手的各种姿态

三、脚的结构

脚的外形从正面看是一个梯形和三角形的组合，从侧面看是三角形。脚由脚踝、脚跟、脚背和脚趾四个部分组成。从解剖结构来说，构成足部的骨头，包括跗骨、跖骨和趾骨。跗骨有7块，排成两列；跖骨5块，趾骨14块。足部的跗骨、跖骨和足底的韧带、肌腱共同构成一个凸起向上的足弓，足弓有弹性，可缓冲行走时对身体形成的震荡，并保护足底血管和神经免受压迫等作用。

在表现中，一般将女性足部表现得柔美、修长；男性足部表现得粗壮、有力量感。

脚和腿，可以一起表现出很多优美的姿态，并表达人的内心情感。

1. 脚的比例关系

从脚后跟到脚趾的长度，等于头的长度，也就是一个人的脚长等于这个人的头长。

2. 脚的画法

内踝和外踝这两个突出，在表现脚的外形时非常重要，特点是内踝比外踝要高。

在画脚的时候，脚后跟要向后突出；脚底的足弓要明显，也就是脚的内侧要凹，外侧要相对平一些。

如图2-6所示为脚部骨骼结构图。

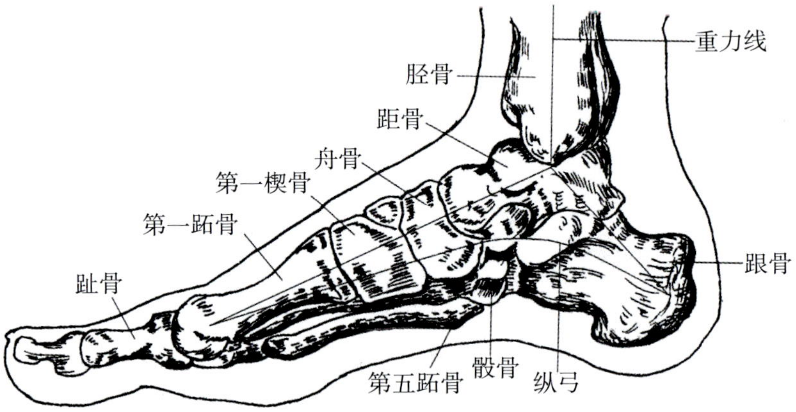

图2-6　脚部骨骼结构图

四、脚的表现

画正面脚的时候，内踝比外踝高，并突出，脚背要形成斜面，大脚趾可以突出刻画，形成力量的支点，其他四个脚趾可以画成一组。

1. 女性脚的画法

画女性的脚时，要适当地在长度上夸张，这样可以显得修长柔美；穿高跟鞋的脚可以表现女性的身材美，鞋跟越高，从正面和3/4侧面看，脚就越长；而穿平底鞋或者稍息的姿势，从正面看脚就显得短宽了。

如果两只脚都画出来，可以把远处的那只适当画短一些，这样就会产生空间距离感。

先轻轻地画出基本的大概轮廓，画出脚踝、脚后跟和脚趾等部位的关键点；如果能看见足弓的话，要画出足弓；穿鞋的脚，要画出脚的细节和鞋的细节结构，比如：鞋跟、鞋带和鞋的装饰物，然后观察整个鞋与脚的关系，看鞋是否“穿”在了脚上。如图2-7所示为女性脚的各种姿态。

2. 男性脚的画法

男性的脚骨比较粗大，但是画法与女性脚的画法比较一致。画正面和3/4侧面的时候，要适当地缩短长度，形成空间透视感。

画的时候，也要先轻轻地画出大概的轮廓，注意脚踝骨、大脚趾和脚后跟等关键点，画出关键线；如果能看见足弓，要画出来；穿鞋的脚，要画出粗壮感，鞋底、鞋舌和鞋面都要刻画，这样会显得立体感更强。如图2-8 ~图2-11所示为男性脚的各种姿态。

对于脚的刻画，建议多进行各种写生训练，可以对照镜子，从不同的角度画自己的脚来进行训练。

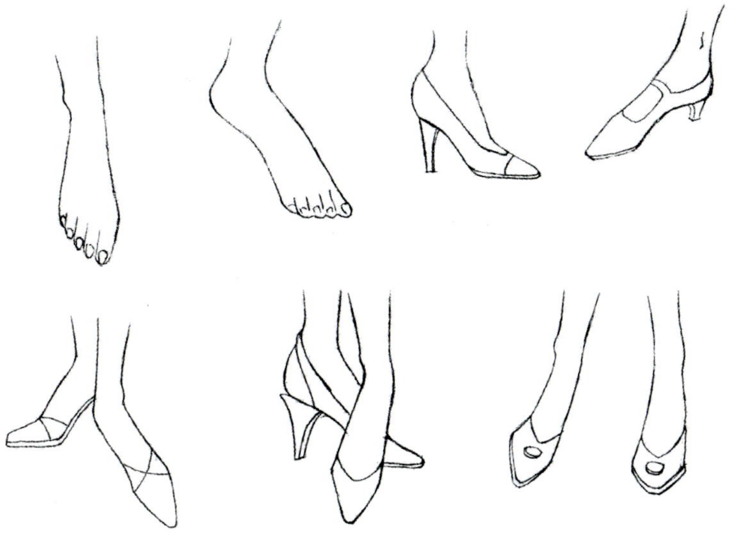

图2-7　女性脚的各种姿态

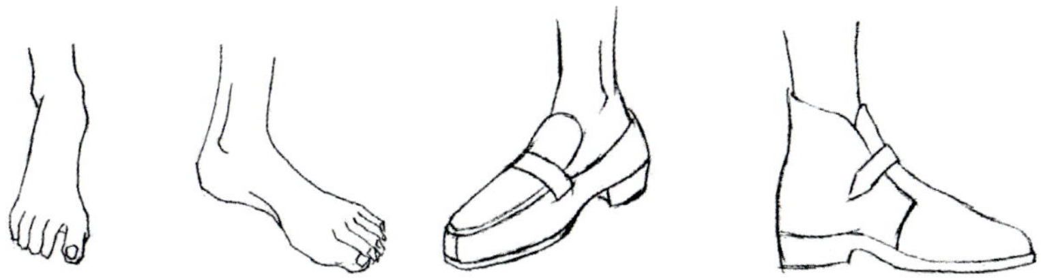

图2-8　男性脚的姿态

图2-9　男性脚的姿态

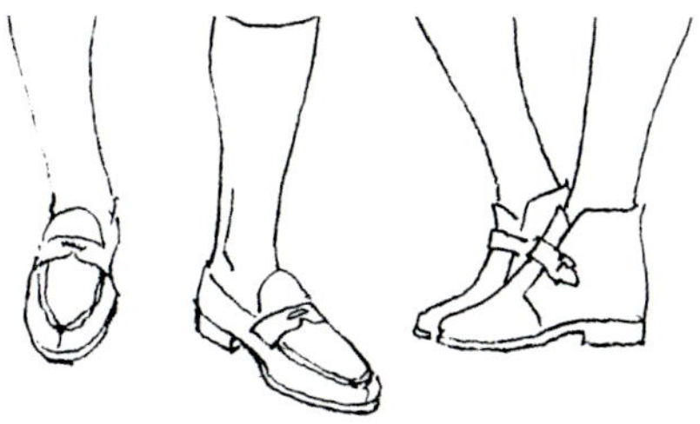

图2-10　男性脚的姿态

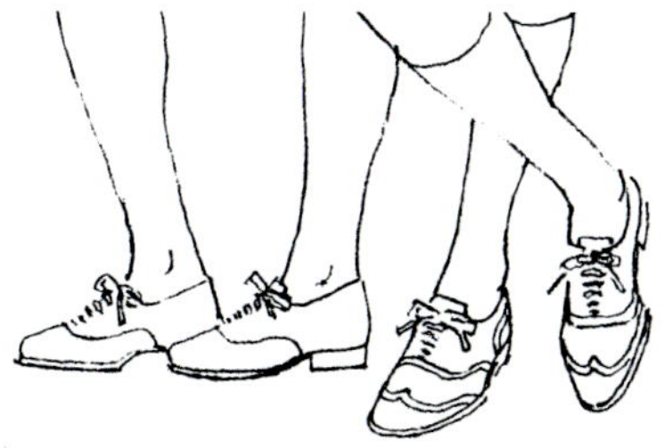

图2-11　男性脚的姿态

第二节　面部五官的位置

一、面部五官的比例结构关系

我们经常会认为某些人的五官搭配非常优美，或者某人的脸型让人感觉很漂亮，其实这其中就蕴含了一个面部比例美感的法则，就是“三庭五眼”。三庭是指：从前额的发际线到下颏均分为三个等份，也就是上庭、中庭和下庭，上庭是从发际线到眉头，中庭是从眉头到鼻底，下庭是从鼻底到下颏，标准的脸型三庭的长度基本相等。五眼是指：面部的宽度大体相当于五只眼睛的宽度，也就是内眼角到外眼角的宽度。成年人的眼睛位于从头顶到下颏的二分之一处。如图2-12所示为人物面部比例关系。

图2-12　人物面部比例关系

在通常的情况下，我们在化妆或者绘画的时候，为了达到主题设计要求或者特殊效果要求，会将眼睛的长度或者宽度增加，使眼睛看起来更大或者更有活力。所以，在实际的化妆或者整形手术中，会有适当的比例调整。

在人物形象设计表现中，画好头面部和五官，一是可以依托面部和五官表达化妆造型设计，并能够熟练掌握人物面部五官的比例美关系和生理结构；二是面部五官是整体形象设计表现时的重要组成部分。

1. 面部五官的位置确定

以人物正面脸部的画法为例，首先要确定面部在画纸中的位置，然后将头的外形归纳成一个最简单的几何形体，比如：先画一个上大下小的蛋形或椭圆形，然后在其1/2处确定眼睛的位置；接着确定发际线，然后根据“三庭五眼”的比例关系，将发际线和下颏之间进行三等分，确定出三庭的位置，继续确定眼睛的位置，嘴在第三庭的1/3处，到此为止，面部的大体位置关系就确定好了，然后就可以根据自己的需求，继续细化眼睛、眉毛、嘴等部位的细节。

视角的不同，面部五官的造型也会有很大差异，眼睛、眉毛、嘴的角度都会发生很大变化，因此，要根据各种角度反复临摹练习，或者对照人物的照片进行练习。为了绘画方便，可以将人物面部五官归纳在一个长方形内，事先分好“三庭五眼”等比例格子，然后在对应的格子内画五官，如图2-13所示，展示的是女性的仰视、平视和俯视三种角度的面部五官位置画法，可以参照着进行反复临摹练习。

2. 女性面部五官的画法

（1）以正面为例，先确定出简单的头形、基础线、眼睛的位置，在两个眼睛之间和两个外眼角处各留出一只眼睛的长度；如果是画3/4侧面，则距离我们远的那只眼睛要画得小一些。画的时候要注意先轻轻地画轮廓线，确定位置没有问题，再深入刻画。

（2）确定发际线的位置，按照比例画出眉毛、眼睛、鼻子、嘴的位置，画嘴的时候先

图2-13　女性三种视角的面部五官画法

确定嘴的大小，然后画出唇裂线。

（3）完成五官，如果画3/4侧面或者全侧面，要画出鼻子的简单结构。注意颈部和耳朵的衔接关系，最后细化瞳孔、睫毛、眉毛、嘴、头发等。如图2-14所示为女性3/4侧面和全侧面的完成图，可以参照进行反复练习。

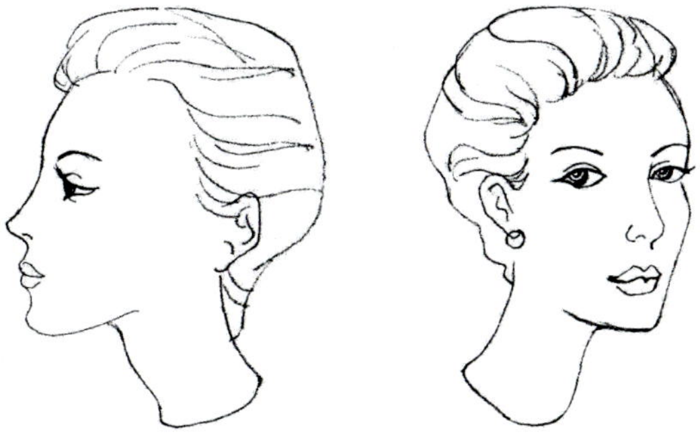

图2-14　女性全侧面和3/4侧面画法

3. 男性面部五官的画法

（1）男性的面部五官也是遵循“三庭五眼”的比例关系，画法与女性基本相同，与刻画女性面部主要的差异在于：男性的眼睛可以刻画得相对细窄，发际线靠后，眉毛浓重，面颊方硬，下巴轮廓要明显清晰等，另外睫毛也不要刻画得像女性那样细腻，男性的鼻子可以刻画得结构相对硬朗，脖子要比女性粗壮。刻画出这些结构，就基本可以将男性面部特点相对突出了。如图2-15所示为男性“三庭五眼”的比例关系图。

（2）在刻画的时候，要注意各种辅助线的确定，如果两只眼睛，或者两条眉毛的位置不容易画的对称，可以用尺子来确定位置，还可以画一条中间对称轴，来保证正面角度的面部五官对称。

（3）绘画顺序与画女性相同，主要注意男性的面颊、下巴要方硬些，眉毛要浓重些，在画3/4侧面的时候，距离我们远些的半扇嘴唇要画小些，不要给男性画唇线。如图2-16所示为男性全侧面和3/4侧面画法。

总之，男性面部刻画要突出其粗犷、豪放、健壮的特点。

二、眼睛的画法

眼睛是心灵的窗户，也是面部五官表现和化妆时最重要的刻画部位，眼睛的各种丰富变化，直接反映人物的内心世界，得意时的眉飞色舞，愤怒时的横眉立目，骄傲时的目中无人，因此，在刻画眼睛的时候，要关注眼睛的各种角度和表情。通过效果图刻画出的眼睛，更多地是要体现人物眼睛的美感，并配合发型和整体造型。

1. 眼睛的结构

眼睛是由眼球和上、下眼睑组成的，上、下眼睑有睫毛、眼睑间和眼裂。由于人的眼裂张开程度不同，因此人的眼睛大小就会不同，也就形成了各种不同的眼型。如图2-17所示为眼睛的各部位结构。

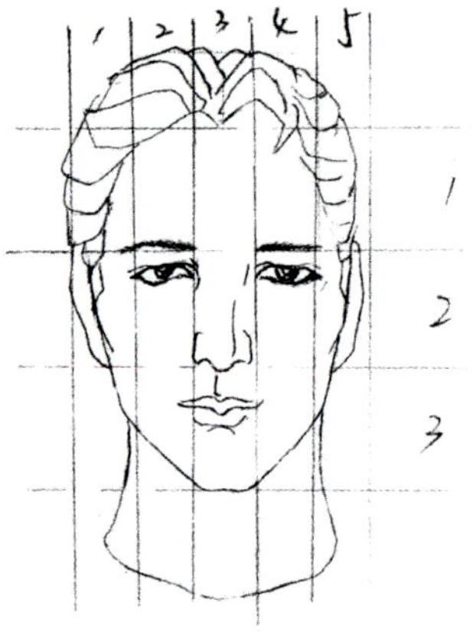

图2-15　男性面部五官比例结构

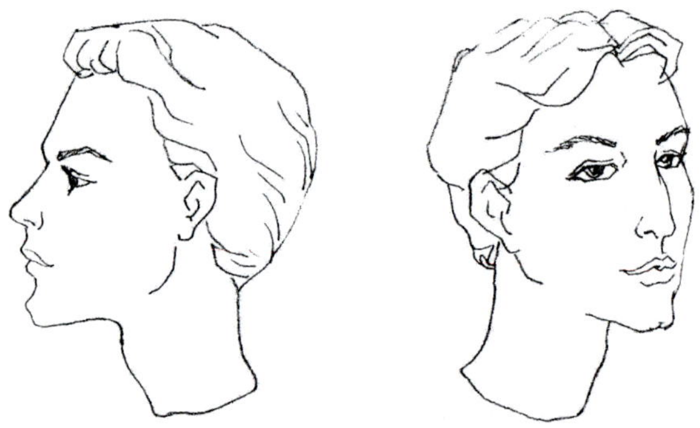

图2-16　男性全侧面和3/4侧面画法

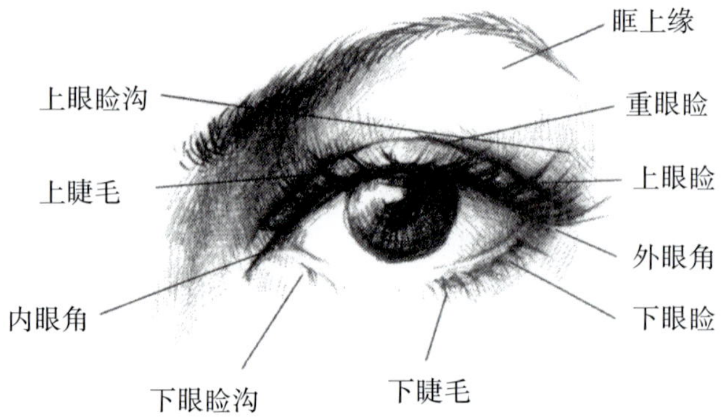

图2-17　眼睛的各部位结构

2. 眼睛的画法

在画眼睛的时候，要注意眼睛的变化主要体现在眼型、瞳孔大小、高光、睫毛、内眼角与外眼角的角度等部位。一般是先用最简单的形状来归纳外眼型，比如可以归纳成一片叶子，或者一个菱形，这样比较容易把握外轮廓形，一般外眼角应该高于内眼角，上眼皮应该覆盖住瞳孔的1/3，瞳孔适当的夸张可以使眼睛显得更加动人。如图2-18所示为眼睛的画法。

在表现过程中，会遇到不同角度的眼睛，正面的眼睛画法如图2-19所示，眼睛张开的宽度一般是眼长的1/2，眉头一般与内眼角在一条竖直线上，眉毛要画出粗细的渐变，瞳孔要画得有明暗变化，一般上眼睑的睫毛要画得更长、更弯曲，还可以适当画出眼影的晕染效果。

3/4侧面角度的眼睛，在表现技法中也比较常见，一般来说，这个角度的眼睛要比正面的短。如图2-20所示为3/4侧面角度眼睛画法。

画全侧面角度的眼睛，可以先画一条斜的辅助线，上眼睑向外凸，下眼睑比上眼睑内敛一些，然后再加上眉毛、睫毛、眼影、瞳孔等效果。如图2-21所示为全侧面角度眼睛画法。

在画不同角度侧面眼睛的时候，可以多参考照片进行临摹练习，注意瞳孔的颜色深浅、眉形、眉毛的高低、睫毛的长短、上下眼皮弧度的变化等。如图2-22所示为各种侧面角度的眼睛画法。

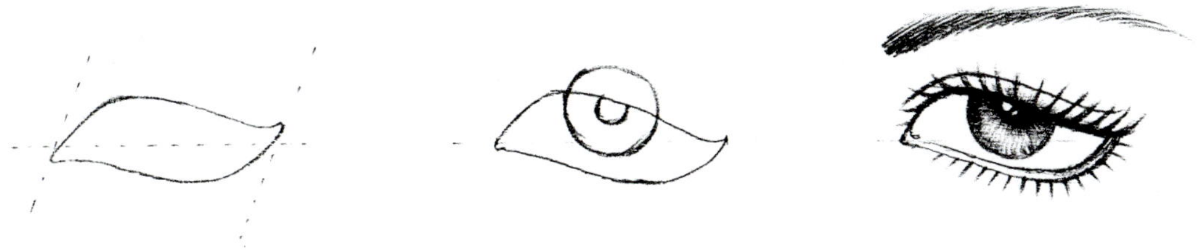

图2-18　眼睛的画法

图2-19　正面眼睛画法

图2-20　3/4侧面角度眼睛画法

图2-21　全侧面角度眼睛画法

图2-22　各种侧面角度的眼睛画法

图2-23　润色眼睛的画法

图2-24　瞳孔的画法

3. 画眼睛的重要提示

画出双眼皮的眼睛，可以显得眼睛大而且有神采；上眼皮要画得有深度一些，并且弧度要大些，下眼皮可以画得浅一些，弧度要小于上眼皮；外眼角处可以画出眼影晕染的效果，睫毛要弯曲并且上翘，尤其是外眼角处的睫毛，下眼睑外眼角处的睫毛，要短于上眼睑的睫毛，并注意睫毛弯曲的方向。如图2-23所示为润色眼睛的画法。

画瞳孔的时候，要画出有明暗渐变关系的立体感，并且要画出一个或者两个高光点，一般是靠近上眼睑的部位瞳孔颜色比较深；眉毛要根据眼睛的不同角度来刻画弧度，眉腰颜色一般较深，然后颜色向两侧逐渐变浅。如图2-24所示为瞳孔的画法。

三、眉毛的画法

眉毛是化妆造型中重要的组成部分，在形象设计表现技法中，眉毛的作用也是至关重要的。通过眉毛的变化，可以辅助眼睛体现人物的各种表情和心态，眉毛的长度、宽度和浓密程度以及弧度、转折角度，都可以体现人物丰富的内心情感变化。有经验的化妆师，可以通过眉毛帮助演员来塑造不同的形象。弯而细的眉毛可以体现人物的柔美，使人显得更加女性化；短而粗的眉毛可以体现人物的粗暴和果断，使人显得更加男性化。

眉毛的结构分为：眉头、眉腰、眉峰和眉梢（尾）。如图2-25所示为眉毛的各部位结构。

画眉毛的时候，可以先根据要画的眉形画好辅助线，然后在辅助线的基础上细细地描绘每一根眉毛，一般眉腰部位颜色比较深，眉头和眉尾颜色比较浅。画的时候要注意眉毛各部位的角度，眉毛的长度可以比眼睛稍长，眉头与内眼角平齐，眉头稍圆，眉尾较细。眉毛的形态种类也非常多，如图2-26所示为各种常见的眉形。

通常的审美观念中，东方人的眉毛比较细柔、内敛、眉峰变化柔和，西方人的眉毛比较粗重、性感、眉峰高挑。在实际的化妆和设计情况下，还是要根据人物眼睛的不同风格或者实际的需要，来搭配适合的眉形。如图2-27所示，分别为东方人和西方人眼睛与眉形的搭配。

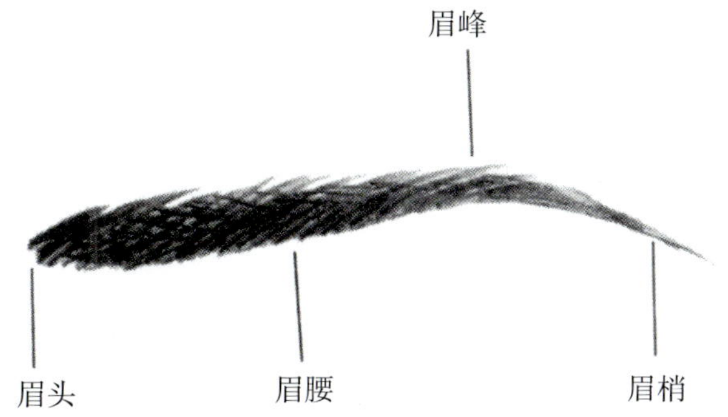

图2-25 眉毛的各部位结构

图2-26 各种常见的眉形

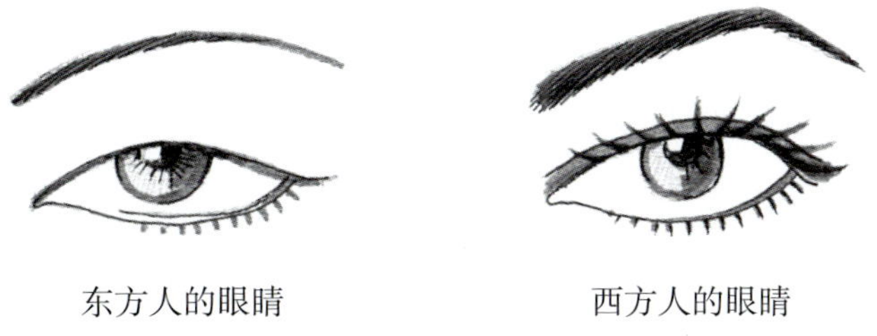

图2-27 东方人和西方人眼睛与眉形

四、唇的画法

嘴和眼睛一样，是人物表情变化的重要表达器官之一，能够显示人物的面部特征和不同情感。画的时候，要注意角度和表情，并要与眼睛、鼻子形成统一的关系，遵循透视原理，唇的理想宽度是鼻子宽度的1.5倍。如图2-28所示为唇的各部位结构。

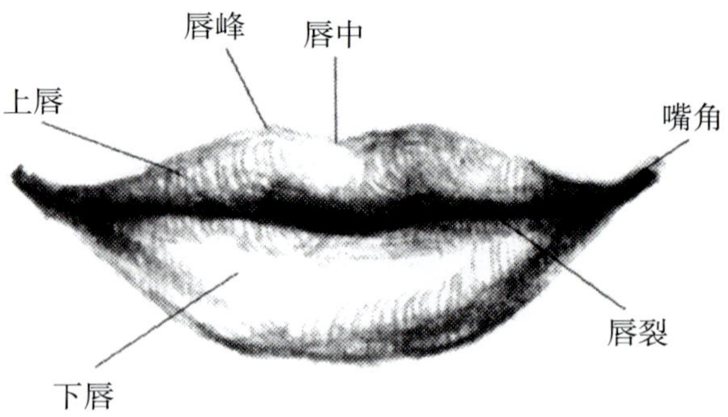

图2-28 唇的各部位结构

1. 正面嘴的画法

画正面嘴的时候，可以先用一个几何形来确定外轮廓，比如：菱形、长方形等，以正中心线为对称轴，确定口裂线，画出山口，嘴角上翘，上下唇的比例大约是2：3。如图2-29所示为正面嘴的画法。

2. 3/4侧面嘴的画法

这个角度的嘴，要注意距离我们远的部分嘴要画得小，透视关系遵循画素描的原理，并注意明暗深浅的变化。如图2-30所示为3/4侧面嘴的画法。

3. 全侧面嘴的画法

这个角度的嘴，上唇比下唇要向前突出一些，可以画条斜向的辅助线，然后注意明暗变化就可以了。如图2-31所示为全侧面嘴的画法。

每个人的唇形都会有很大的差异，从流行来看，曾经流行过厚厚的嘴唇，是性感和热情的代表；而薄薄的嘴也有其独特的冷峻和高贵的魅力，因此，没有绝对的美或流行，更重要的是与妆面、环境协调的唇形。在化妆造型中，唇的可塑性也是非常强的，因此，要根据不同场合以及妆面要求来设计。如图2-32所示为各种不同的唇形。

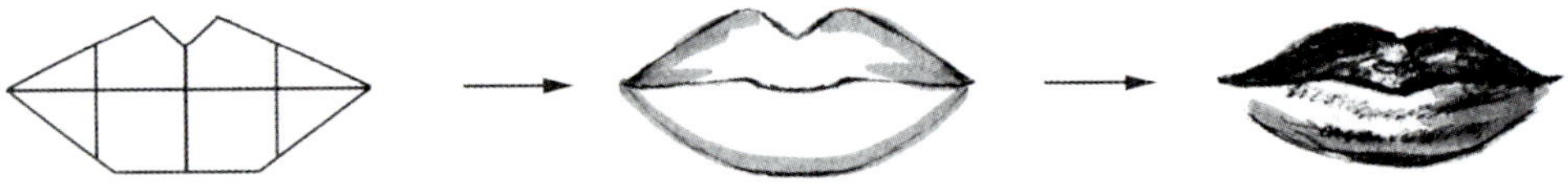
图2-29 正面嘴的画法

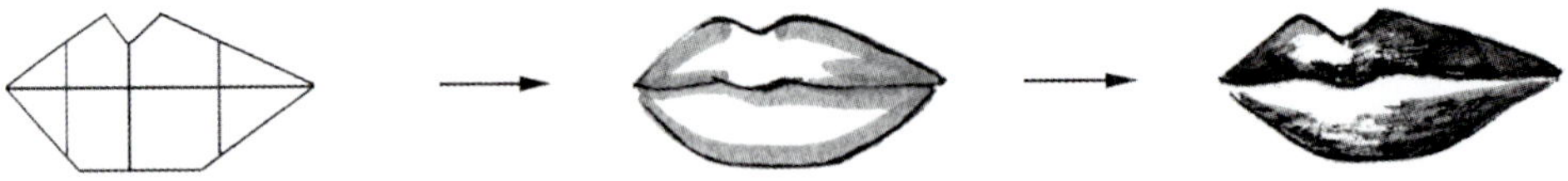
图2-30 3/4侧面嘴的画法

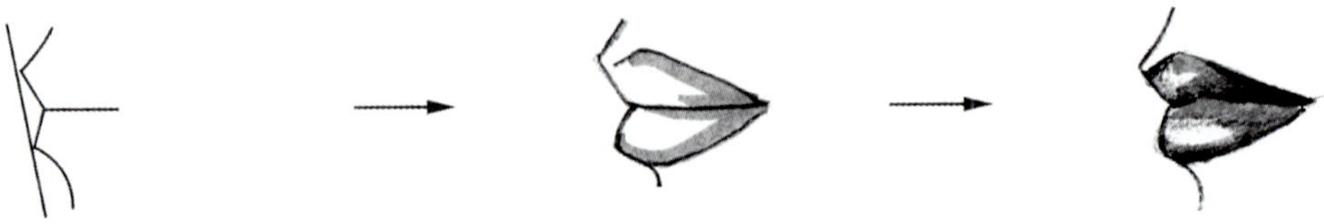
图2-31 全侧面嘴的画法

图2-32　各种不同的唇形

第三节　人体比例与人体画法

人物形象设计的表现，是人物整体的表现，因此，必须要学会画简单的人体姿势和动作，必须了解基本的人体比例关系和特征。在这里，不可能要求每个人能够像绘画基础非常好的专业画家那样对人体烂熟于心，但是，还是有一些简单快捷的绘画方法，让我们能够尽快掌握一些画人体的技巧。

一、比例画法

一般来说，一个正常成年人的身高是7个头或者7个半头高，但是在绘画表现技法效果图的时候，为了使人体显得修长，我们要适当地对人体高度进行夸张和拉长，普遍采用的是8个半头高，或者更高的比例。

首先在画纸上，我们可以先确定头顶部位的一条水平线，再确定脚踝骨所在的位置线，注意脚踝线下面要留出画脚的位置，也就是半个头的高度；然后，在两条直线之间平均分成8个等份，第一个头的位置就是头本身，第二个头的位置到胸部，第三个头在腰部，第四个头在耻骨位置，第五个头在大腿中部，第六个头在膝盖部位，第七个头在小腿中部，第八个头在脚踝，肩部在第二个头的1/2处，如图2-33所示人体比例画法。

当我们画得比较熟练的时候，人物的画法也可以相对简化，比如，不用将每个头都分出来，而是只画出一些关键点的位置，如图2-34所示为人体比例简要画法。

人体各个部位的长度确定了，接着可以确定各个部位的宽度，一般女性肩宽是头宽的2倍左右，臀宽一般等同于肩宽；确定胳膊的位置，可以设定颈窝处为圆心，颈窝到腰部为半径，胳膊的肘关节就在这个弧度线上活动；其他部位相对协调就可以。脚的长度一般是半个头的长度。如果是画男人体，肩部要相对宽于臀部，也就是身材要呈现倒三角形。

总之，在画人体之前，要先确定大体位置关系，确定关键点，然后在各个关键点之间连线，然后在有肌肉起伏的部位进行对应结构的处理。

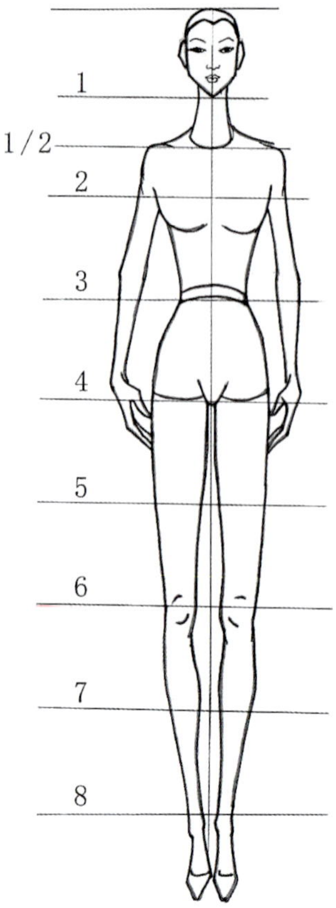

图2-33　8头半比例画法

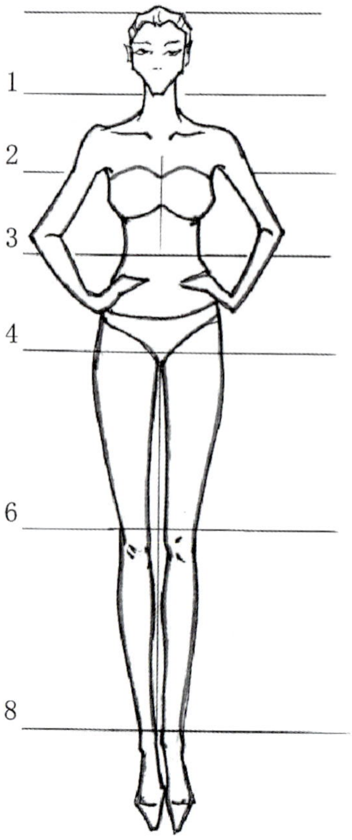

图2-34　8头半比例简画法

二、几何形体画法

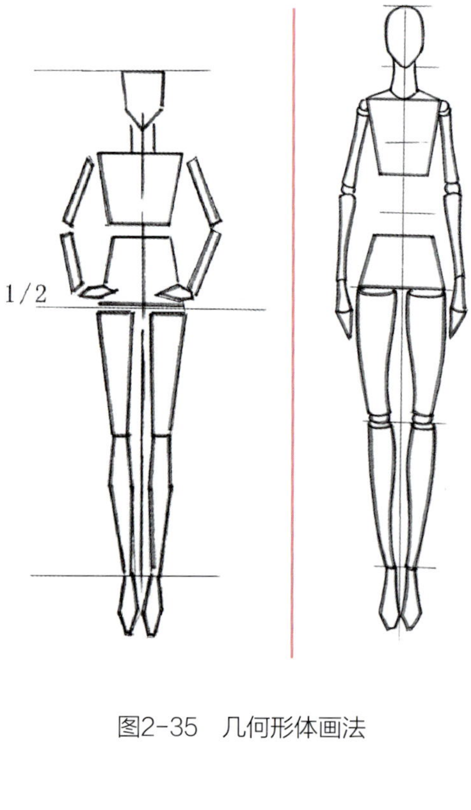

图2-35　几何形体画法

在画面的表现中，人体是由肌肉和骨骼组成的，虽然人体结构非常复杂，但还是可以用最简单的几何形体进行归纳，一种归纳方法是：头——菱形，颈——长方形，肋骨骨架——梯形，上臂——长方形，骨盆——梯形，前臂——长方形，大腿——梯形，手——菱形，小腿——菱形，脚——锥形。另一种归纳方法是：头——蛋形，颈——圆柱体，肩胛骨——楔形，肋骨骨架——梯形，肘部——球形关节，上臂——圆柱体，骨盆——梯形，前臂——圆锥体，大腿——圆锥体，手——菱形，小腿——圆锥体，脚——锥形。如图2-35所示为两种几何形体画法。

几何形体画法是尽量将人体简单化

处理，然后在这个基础上，再添加肌肉以及其他对应的人体曲线和人体骨骼，这种形式比较好掌握，是初学者比较适合的一种学习方法。

第四节　人体动作和姿态的画法

在整体人物动态表现中，一般选择正面的姿态比较多，因为这个动作能够比较完整地将人物的整体形象表现出来。当然在表现不同主题内容的时候，也要适当地根据展示内容的需要，绘画人物的侧面或者背面等特殊角度。

绘画人体姿态之前，要对人体的结构、骨骼、肌肉有基本的了解，为了强调服装的不同款式，要对应设计不同的人体姿态，发型、化妆也要与服装对应成为一个整体。一般表现女性姿态的造型比较多，表现的时候，要突出女性人体纤细柔美、腿长、柔软等特点。表现男性则要突出健壮、高大等男性化特点。

一般在最初的训练中，要求将人体全部画出来，然后再给人体穿上衣服，最后将人体被衣服遮盖住的位置擦掉，这样能够更准确地体现服装的各种细节部位。

在画面的安排上，纸张上边的空白要小于下边的空白。人体在画纸上，不要过大、过小或者拥挤在一个角落。

一、正面基本动态画法

正面姿态的画法同前文，要先根据需要画出8个半头高的身高比例，并画出一条中心线，一般画女性正面的姿势，动作幅度都比较小，因此人物的身体不会距离中心线太远，腿的动作一般是叉腿或者并拢等；胳膊的动作也不是太大，一般是双手或者单手叉腰的动作居多，当然也有根据服装款式的需要而将胳膊高抬等幅度稍微大一些的动作；如果重心是在某一条腿的动作，要注意这一侧的胯骨比较倾斜，还要注意女性肌肉的曲线变化。

如图2-36所示为两个常见的正面姿势。

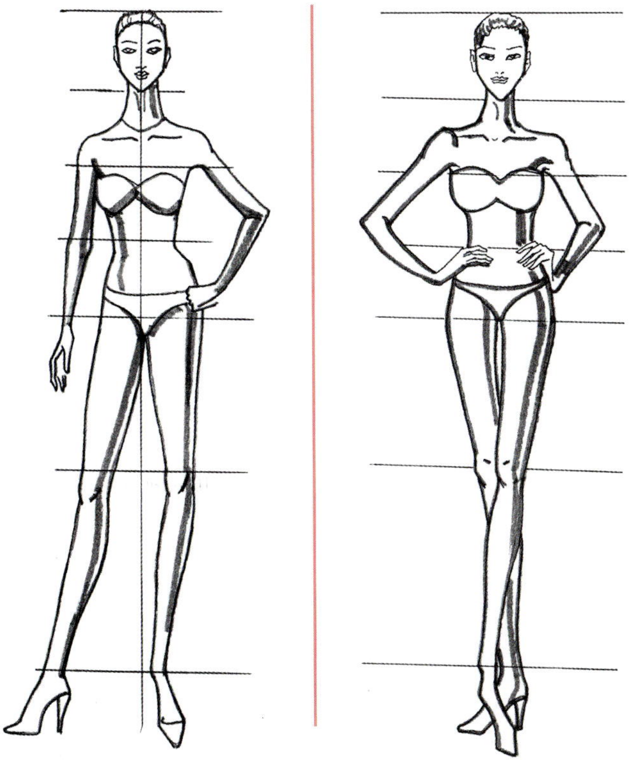

图2-36　正面姿态

二、3/4侧面画法

人体稍微转动，就会改变姿态，成为一个新的动作，3/4侧面的姿态是比较常用的一种。由于人体转动，一些不同于正面姿态的轮廓线会被表现出来，比较大的转动姿态，可以表现出正面和背面的两种服装细节。

画3/4侧面也同前文，要先确定身高和中心线，并对应做好各种标记，并注意头颈部与中心线的距离，胸廓和骨盆比正面姿态要窄，注意肩部和臀部的倾斜角度。如图2-37所示为3/4侧面画法。

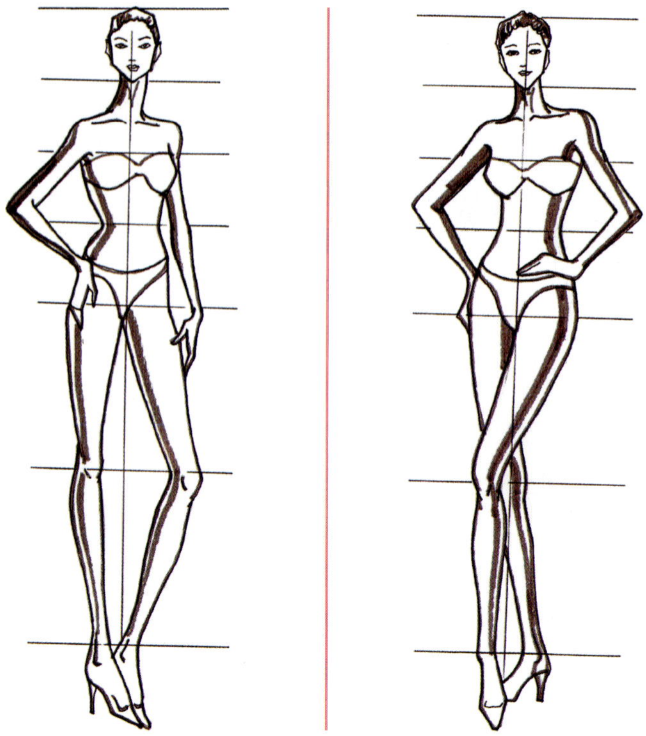

图2-37　3/4侧面画法

三、静态姿势画法

静态姿势中一般身体的动作幅度都比较小，身体四肢距离中心线的位置都不太远，肩膀放松，肘部靠近躯干，手腕动作柔软，放松下垂的手腕可以稍有弯曲，臀部倾斜明显，弯曲的膝盖一般靠近中心线。

由于静态姿势比较安静，所以适合表现以正面造型为主或者淑女主题的整体造型，注意肩部斜线和臀部斜线的方向。为了表达出比较强的立体感，还可以根据素描的关系，在背光的一侧画出阴影效果。如图2-38所示为静态姿势。

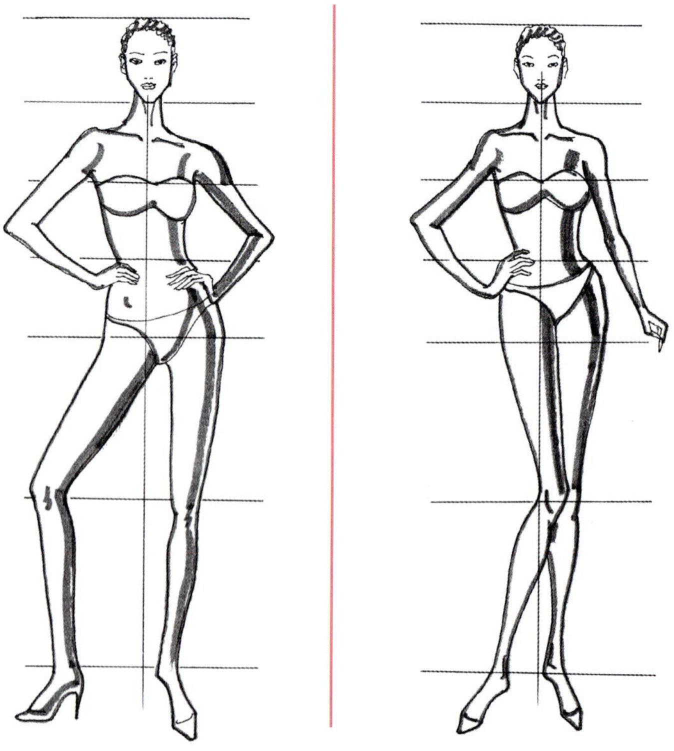

图2-38　静态姿势

四、动态姿势画法

动态姿势一般动作的幅度都比较大，描绘的是模特在T台行走的姿态，一般刻画模特迈着轻盈的步态，两条腿一前一后，由于视觉空间的距离感，后面的腿会画得稍短一些，弯曲的腿从膝盖部位摆出，手臂优雅地摆动在身体的两侧，手部可以稍微向外摆出，或者手部叉腰等。如图2-39所示为动态姿势。

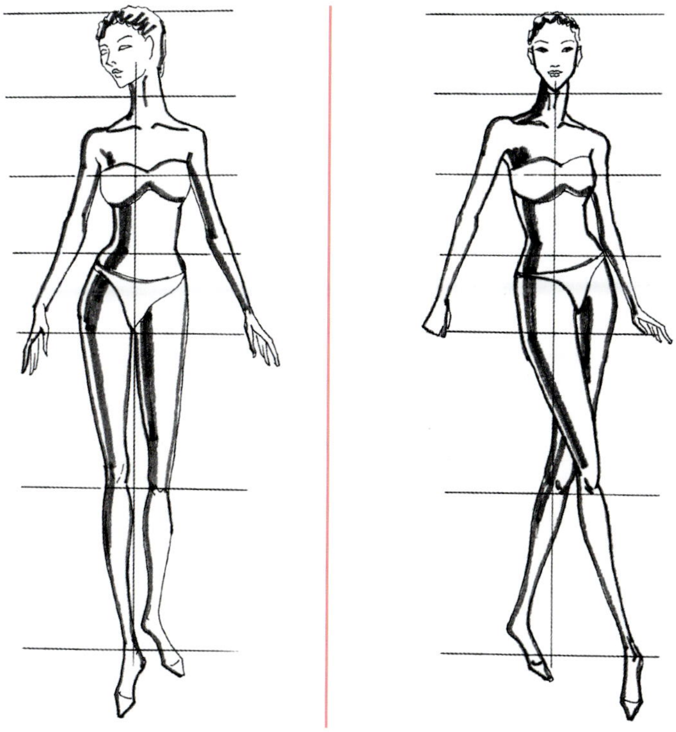

图2-39　动态姿势

五、拷贝的手段

画好了人体之后，需要给人体穿上衣服，这时有两种方法：一种可以直接在人体上画衣服，然后将被衣服遮盖住的人体线擦掉，这种方法比较简便，但由于多次用橡皮擦和涂抹，有的时候会把画面弄脏；另外一种方法是拷贝的手段，需要在画好的人体上覆盖一张新的画纸，在新的画纸上直接画服装，这种方式干净快捷，为了避免两张画纸移动，可以用胶条将两张纸的四个角粘贴住。如图2-40所示为拷贝手段。

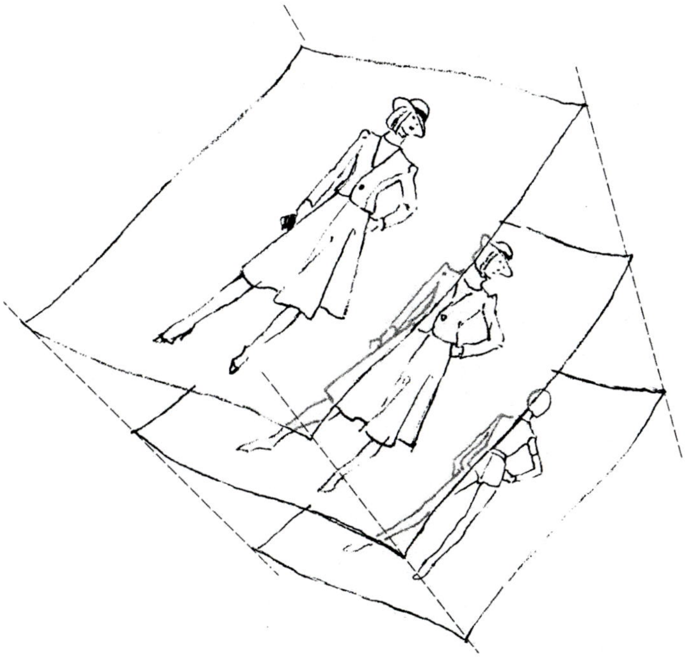

图2-40　拷贝手段

总结归纳

在本章中，我们重点学习人物面部五官、手、脚、嘴、人体比例的画法，这个部分是整体形象设计的重要基础，是后面章节内容的重要铺垫，文中的各种画法，需要多加练习，并能够达到默画的程度，这样才能为整体人物形象设计服务。国内外不同的专业资料上也会有不同风格的画法，可以根据个人的喜好进行临摹练习，尤其可以找一些时装画技法的书来临摹练习。

思考与练习

1．人物面部的“三庭五眼”比例关系指的是什么？

2．人体的比例关系是怎样的？

3．为了达到美观的目的，人物眼睛应该怎样润色？

实训课堂

1．临摹练习人物的五官。

2．临摹练习人体的比例关系画法以及人体的各种角度姿态动作。

3．临摹练习各种姿态的人体，然后尝试给人体穿上衣服。

Chapter III

第三章 化妆艺术表现技法

教学目的

- 掌握唇部艺术表现的方法；
- 掌握眼影艺术表现的方法；
- 掌握整体妆容艺术表现的方法；
- 掌握运用彩色铅笔刻画唇部、眼影、整体妆容的方法。

重点难点

1. 人物眼影的结构和艺术表现。
2. 人物五官的整体刻画技法。
3. 人物主题妆容的方案选择和设计。
4. 人物主题妆容的创意和表现。

教学内容

本章重点讲授：人物面部五官中的唇、眼影、整体妆容的艺术表现，是表现技法中的一个组成部分，也是配合化妆造型设计的前期设计效果图，可以通过该效果图，表达化妆设计师的基本设计意图，避免不必要的材料浪费。

第一节　唇部艺术表现

一、唇的基本构成形式和表现

通过对唇部的艺术表现，可以配合眼睛塑造出妆面的情调，并突出设计主题，唇部的艺术表现可以独立，也可以与妆面形成一个整体。唇部的表现要注意形、色、意三个方面的塑造，形是指唇部的形状，比如：东方人唇部相对薄一些，而西方人的唇部相对厚一些，而每个人有的唇形又有不同；色是指画唇时的用色；意是指在唇部造型的时候，要有审美意境、设计意图等。

1. 唇部的艺术构成形式

唇部的造型，与化妆造型基本一致，可以有传统形式、仿生形式、借鉴形式和几何形式。传统形式基本是通过用色的变化来调节；仿生和借鉴形式，是通过模仿和借鉴各种生物或者其他元素，设计唇部的形式；几何形式，是将唇部归纳成几何形状。如图3-1所示为唇部艺术构成形式。

2. 唇部的色彩构成形式

唇色的搭配和设计，重点要应用到以往所学到的色彩知识。表现形式有：冷色调与暖色调、有彩色与无彩色搭配、亮色调与暗色调搭配、互补色调搭配、对比色调搭配、同类色搭配以及各种主题色调等。如图3-2所示为唇部的色彩构成。

3. 唇部的主题构成形式

唇部在色彩的搭配和衬托下，可以有多重主题构成形式和情感表现形式，比如：甜美型、时尚型、前卫型、典雅清丽型等，化妆设计师可以根据自己的经验，设计各种不同的主题类型。如图3-3所示为唇部的主题构成形式。

表现唇部的时候，要注意几点：可以用上下唇的薄厚、唇线、唇角来进行造型变化；唇色的选择要与肤色、妆面协调。

图3-1　唇部艺术构成形式

图3-2　唇部的色彩构成

图3-3
唇部的主题构成形式

平涂法　套色法　点彩法

图3-4
平涂法、套色法、点彩法

装饰法　勾线法　强调法

图3-5
装饰法、勾线法、强调法

二、唇的技法构成形式和表现

通过对唇部色彩的运用以及造型的改变，可以体现各种不同主题风格的唇妆。

1. 平涂法

就是将选择好的颜色均匀地平涂在上下唇，上下唇色可以有深浅、明暗方面的变化，主要是强调唇形、唇部的立体感。

2. 套色法

采用两种或者两种以上的颜色，其中一个是主色，一个是辅色或者搭配色。这种表现形式，利用色彩的搭配组合，可以产生层次感，并且具有装饰意味。

3. 点彩法

是将唇彩不规则地点在唇上，或者画出抽象的图案和纹理，可以是单色点染、双色点染或者多色点染、局部或者整体点染等。

如图3-4所示为平涂法、套色法、点彩法。

4. 装饰法

是利用特殊的、有肌理效果的材料，比如：化妆用的装饰亮片、羽毛、珠片、丝线等材料来装饰唇部，这种方法经常被应用在创意化妆中。

5. 勾线法

是强调唇部线条的一种方法，可以达到强调唇部轮廓结构的目的，勾画的时候注意要善于应用线条的粗细、轻重虚实关系来表现情趣。

6. 强调法

是用色彩强调唇角、唇峰、唇中等位置，而不用将唇部全部染色。如图3-5所示为装饰法、勾线法、强调法。

从唇部构成形式和表现技法可见，在表现唇部化妆造型设计的时候，一般不是单一地应用某一种技法，很多情况下是多种手法的综合应用，因此，在学习的过程中，应该灵活应用，不必过于拘泥某一种表现形式。

第二节　眼部艺术表现

在形象设计表现技法和化妆造型设计中，眼部和眼影的设计是非常重要的，眼部是化妆造型中重点表现的部位，是造型主题表达的关键。眼睛的表现主要体现在：眼影色彩的选择、眼部和妆面的设计、眉型和眉色的设计、眼线、睫毛等的设计，这几项内容的完美组合，才能形成完整的眼部造型设计。现代的技术手段甚至能够改变瞳孔的颜色，给眼部化妆又增添了新的美化内容。

一、眼影的基本构成形式和表现

1. 眼部的艺术构成形式

主要是体现在运用色彩、进行眼部的抽象表现和具象表现，主要的构成形式有：分割法、纹样表现法、抽象表现法、具象表现法、装饰表现法等。

2. 眼部的色彩构成形式

是指通过色彩的设计理念，来表现眼部的整体情调和设计主题，与唇部色彩搭配相似，表现形式有：冷色调与暖色调、有彩色与无彩色搭配、亮色调与暗色调搭配、互补色调搭配、对比色调搭配、同类色搭配以及各种主题色调等。在进行色彩设计的时候，要注意与肤色、整体妆面、唇色、眼睛的结构相互搭配统一，并注意个性化的表达 。如图3-6所示依次为互补色搭配、邻近色搭配和对比色搭配。

3. 眼部的主题构成形式

眼部的主题构成是化妆表现的重点，在造型之前，也应该是先有主题构成，然后选择

图3-6　眼部的色彩构成形式

颜色和材料、设计眉型、设计眼线、选择假睫毛等，通过主题设计，可以有各种丰富多彩的情感表现，主要有：优美型、典雅型、自然型、戏剧型、浪漫型、妩媚型、装饰型等，设计者可以根据经验进行多重主题的尝试。如图3-7所示为装饰型眼部化妆。

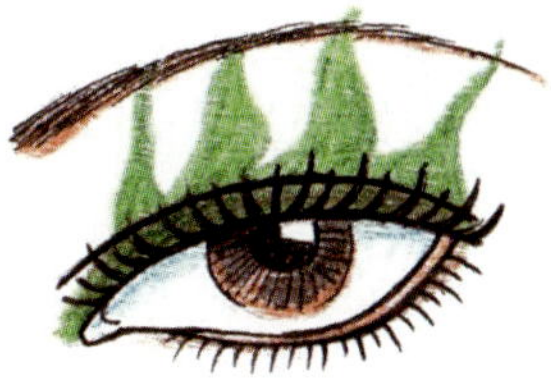

二、眼影的造型方法和表现

眼部化妆造型表现方法，常见的技法有两种归纳方法：一种是归纳成横向排列法、纵向排列法和结构晕染法；另外一种归纳方法更加细分化，主要有：烟熏法、结构晕染法、位置强调法、纹样表现法、肌理表现法、装饰法、套色法、浓淡法等。

图3-7
装饰型眼部化妆构成

1. 烟熏法

烟熏法主要是利用色彩的深浅、浓淡、渐变等晕染方法，进行眼部化妆造型，是化妆师常用的眼部化妆方法，比较适合东方人，可以强化表现眼部的立体感。烟熏法的主要表现形式有：内眼角法、外眼角法、眼中区法、双角法、由下至上法、由上至下法、三色晕染法。如图3-8所示，从左至右依次为内眼角法、外眼角法和眼中区法。

由下至上法和由上至下法也是纵向晕染法，也被叫做上浅下深和上深下浅晕染法，都是用眼影沿着睫毛根部进行晕染，此方法过渡柔和自然，适用于各种妆面，尤其适合单眼睑和眼睑浮肿者。上深下浅晕染法也被叫做“假双眼睑晕染法”，是针对单眼皮或者在眼睛形状不够理想的情况下，在上眼睑处画出一个双眼睑的效果，适用于单眼皮中的眼睑脂肪单薄、眼裂与眉毛距离较远的眼型。如图3-9所示为由下至上法和由上至下法。如图3-10所示为上浅下深晕染法（由下至上法）真实效果，如图3-11所示为上深下浅晕染法（由上至下法）真实效果。

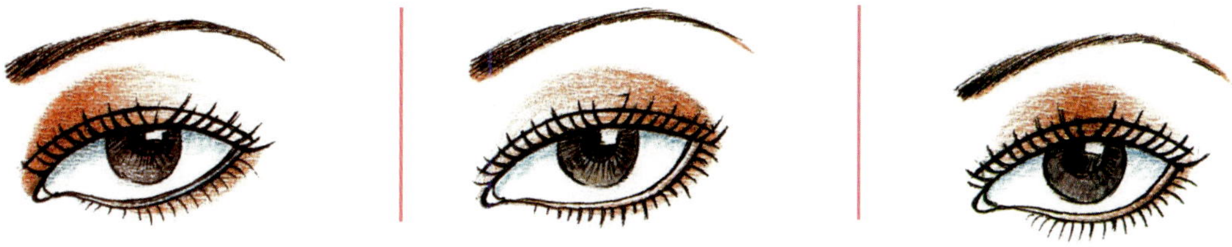

图3-8
内眼角法、外眼角法和眼中区法

图3-9
由下至上法和由上至下法

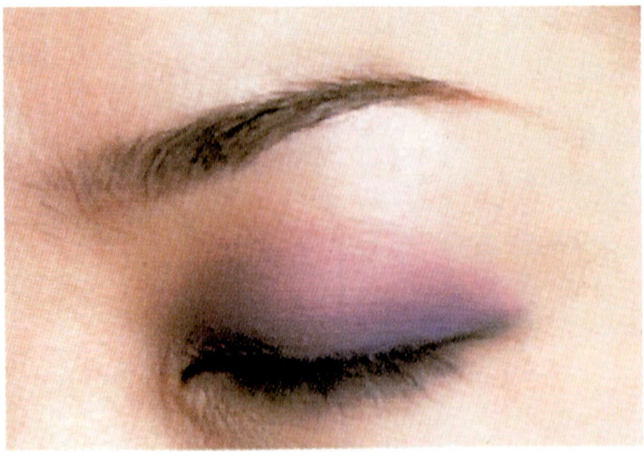

图3-10　上浅下深晕染法

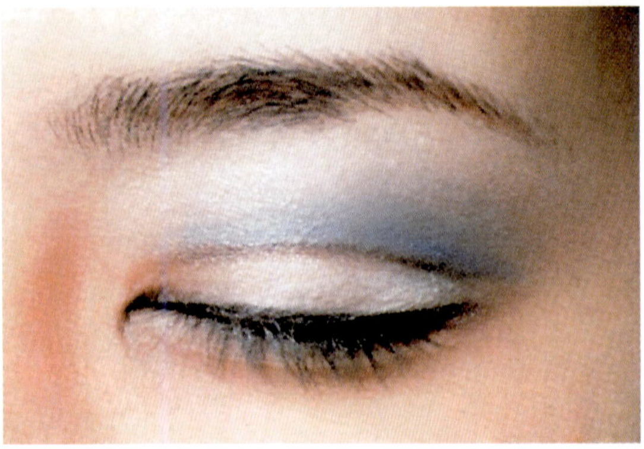

图3-11　上深下浅晕染法

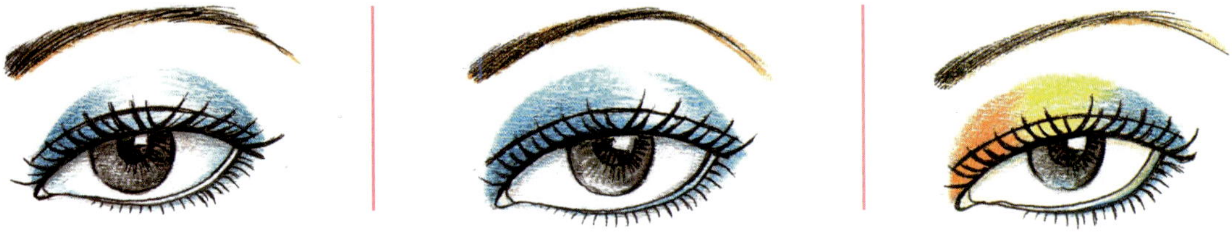

图3-12　1/2排列晕染法、1/3排列晕染法和三色晕染法

图3-13　1/2排列晕染法

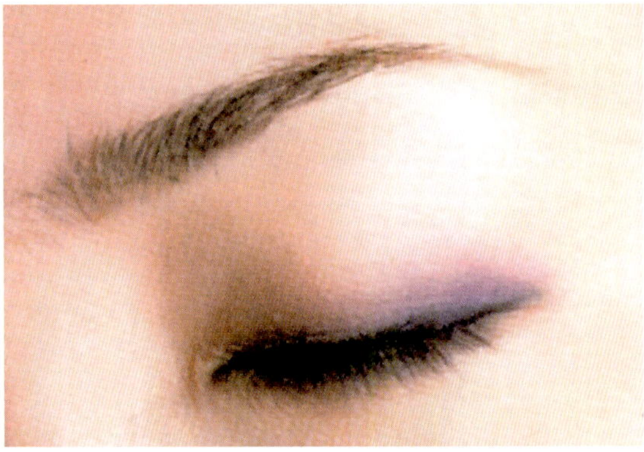

图3-14　1/3排列晕染法

烟熏法中的双眼角法，是横向晕染法，也就是从内眼角和外眼角向眼中部晕染，又可以根据晕染部位的不同，分为：1/2排列晕染法（左右晕染法），是将上眼睑分为左右两个部分，向眼中区横向晕染，适用于晚妆、时装表演等修饰性强的妆面；1/3排列晕染法，是将上眼睑从左至右平均分为三个区域，但前2/3作为一个区域，后1/3为一个区域，然后分别从内眼角和外眼角开始晕染；三色晕染法，是将上眼睑从左至右分为三个区域进行晕染，可以选择三种不同颜色晕染，适用于装饰型较强的妆面。如图3-12所示从左至右依次为1/2排列晕染法、1/3排列晕染法和三色晕染法。

多色彩的晕染，要注意色彩衔接自然、不能有明显的色彩衔接痕迹或者分界线。如图3-13所示为1/2排列晕染法真实化妆效果，如图3-14所示为1/3排列晕染法真实化妆效果，如图3-15所示为三色晕染法真实化妆效果。

2. 结构法

结构晕染法是强调眼睑结构，突出眼部立体感的表现技法，方法是在上眼睑沟部画出一条弧线，强调眼睑沟的位置，然后从外眼角处沿着这条弧线向眼中部晕染，颜色逐渐变浅，在弧线下方和眼眶上缘提亮。如图3-16所示为结构法绘画效果图，如图3-17所示为结构法真实效果。

3. 位置强调法

这种方法强调眼影局部形态和色彩在位置上的造型表现，也就是用色彩在眼睛的某一个部位进行造型，其表现形式灵活多样，适合个性化的化妆造型表现。如图3-18所示为位置强调法。

4. 纹样表现法

就是利用具象或者抽象的图案纹样进行眼影造型设计，无论是哪种纹样，都具有一定的象征意义和联想的作用，比较适用于创意妆面的表现。如图3-19所示为纹样表现法。

5. 借鉴法

是借鉴各种具有审美特征和造型特点的物像来表现眼影的方法，比如：借鉴和模仿动物身体的图案、借鉴自然生物的各种纹理、自然的色彩，借鉴法可以提供很丰富的创作素材，能激发人的创作灵感，是一种再造艺术的形式。如图3-20所示为借鉴法，均为借鉴了自然生物的纹理形式。

图3-15　三色晕染法

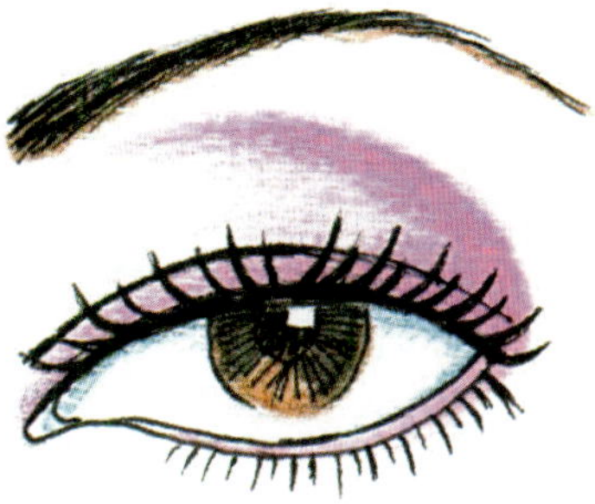

图3-16
结构法绘画效果图

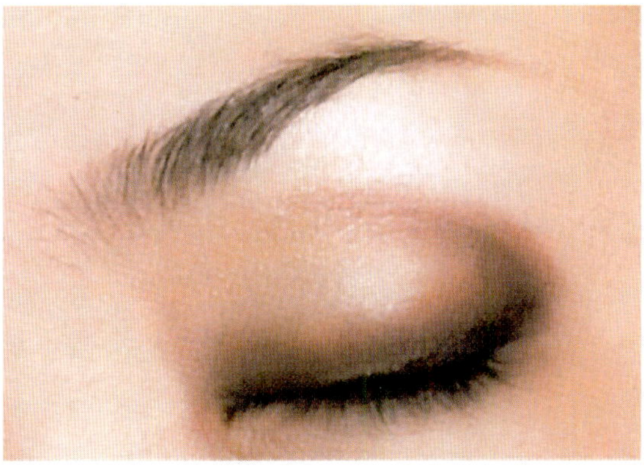

图3-17
结构法真实效果

（a）　（b）

图3-18　位置强调法

图3-19　纹样表现法

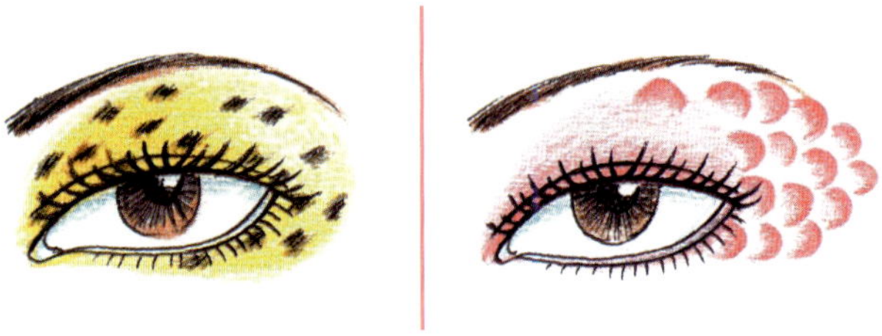

图3-20　借鉴法

（a）　（b）

图3-21　套色法

图3-22　装饰法 作者：赵静

6. 套色法

是应用两种或者两种以上的颜色进行眼影色彩造型设计的方法，要事先搭配好颜色，要先立意和设计好主题，可以充分发挥以往所学的色彩搭配知识进行色彩设计，同时要注意与肤色、整体造型相互配合。如图3-21所示为套色法。

7. 装饰法

主要是利用各种特殊材料，比如：金属、羽毛、珠片、棉花、绒毛、造型纸等各种材料，结合眼影进行综合设计，特殊材料可以局部或整体粘贴在眼部，造型方法丰富多彩，非常适合创意化妆主题的造型设计，可以产生极具视觉冲击力的夸张效果，可以大胆表达化妆设计师的内心世界。如图3-22所示为装饰法实际表现效果。

眼部的艺术表现中，还有彩绘法、提亮法、质感肌理表现法等方法，但都是上文所提到的各种表现方法的延伸和细分，可以在实际学习中不断体会。而在眼部的艺术表现中，每一种方法都不是单一的，而是综合的应用，或者侧重点不同而已。

第三节　整体妆容艺术表现

整体妆容艺术表现，是指将面部轮廓造型、眼部化妆、唇部化妆、眉毛修饰化妆等面部五官化妆综合在一起的表现形式，是综合了化妆设计师对色彩的应用和对妆面设计主题的整体把握，强调整体妆容的审美意境、色彩搭配效果和设计风格，是整体人物形象设计中的重要组成部分。

一、整体妆容艺术表现的特点

在运用绘画效果图的形式表现和设计整体妆容的时候，由于妆容创意设计表现性非常丰富和多样化，因此要注意对外在形式与内在设计主题的综合表现，局部妆容效果的设计要与整体效果相互联系，要与服装、发型、服饰品、色彩、风格情调呼应，并具有统一的风格。主题设计要有形象再造的艺术特点。通过大量的绘画效果图训练和临摹妆容造型的练习，可以达到事半功倍的效果。

二、整体妆容艺术表现的方法

整体妆容艺术表现，是综合锻炼设计师创意思维方式、色彩应用等能力的手段，主要表现方法有：仿生表现法、主题立意表现法、借鉴表现法、转移表现法、色彩表现法等。

1. 仿生表现法

仿生是指仿造自然界生物的造型，进行艺术品的设计和再造。在化妆造型中，这种运用自然因素进行妆面设计的仿生表现法很常见，比如，妆面可以仿造动物造型、植物造型、各种自然界的肌理质感和形态等，可使妆面具有自然美的审美意境，这种方法有形似和神似两种表现手段。

如图3-23所示为以蛇为主题创作的化妆造型设计，在此作品中，造型上主要采用蛇的曲线造型，应用于眼影和发型设计中，在色彩的选择上主要应用了蛇皮的黄绿色。整个妆面色彩搭配和谐，颜色晕染细腻柔和，棕黑色的嘴唇设计也比较独特，外眼角的比例拉长、细节的各种处理，均显示了设计者独特的设计思维、丰富的想象力和匠心独运，是相对抽象的表现手法。

图3-23　仿生表现法——灵蛇

图3-24 仿生孔雀化妆造型

图3-25 仿生豹纹彩妆造型

图3-26 蝴蝶主题仿生妆面设计

仿生表现法的主题色彩和造型选择可以有多种灵感来源，比如，大自然中色彩的灵感、植物、动物、自然气象等，能够使人物的整体妆型表现出大自然的审美情趣。如图3-24、图3-25所示，均是以大自然中的动物造型为主题灵感来源而设计的仿生创意彩妆造型，极富冲击力的动物纹样应用，是任何季节都不可或缺的经典仿生表现彩妆元素。（图片来源：昵图网）

如图3-24所示为具有异域风情的一款仿生创意妆，利用孔雀羽毛中绚丽多彩的蓝绿色为主色调，作为妆容与配饰的灵感源泉，异域公主般的华丽与风情尽显。匠心独具的妆容设计，给观者带来眼前一亮的妖艳和神秘感，将化妆设计师独特的品位与魅力极致释放。

如图3-25所示，是以豹纹图案为灵感来源，颜色以黄褐色为主，积聚力量与激情，铺陈大面积豹纹眼妆，在闪亮钻石的提升与收敛下，迸发出摄人心魄的凌厉眼神，显得人物整体非常具有野性。如图3-26所示，是以蝴蝶为主题的妆面设计，强调图案的非对称性和不平衡的美感。

仿生表现法要注意避免仿生主题与妆面的割裂，避免生搬硬套仿生对象，要充分提炼仿生对象的特点，并具有审美情趣和传神感。

2. 主题立意表现法

是指在表现妆面造型之前，先确定妆面的设计主题思想。明确的主题立意设计，可以明确设计方向、确定设计风格、尽快启动设计思路、方便快捷地进行材料的准备。需要注意的是：主题的选择和设计，要让设计师有充分发挥想象力、联想力的余地和空间；对于主题的分析要全面、具体、深入、有创新特色和可操作性；进行效果图表现的时候，要善于根据主题立意进行局部和整体风格的表现。

图3-27　主题立意表现——中国红

图3-28　借鉴表现法

如图3-27所示为，以中国红为主题的化妆造型创意主题设计效果图，在该作品中，主要以中国传统的红色为主题，并在图案的运用上，充分体现了中国传统剪纸纹样的特色，在时尚中体现了中国传统民族元素，时尚与民族主题的搭配非常和谐流畅，是一幅比较优秀的化妆造型手绘效果图。

3. 借鉴表现法

是用视觉再造的手法进行化妆形象设计的方法，不是单纯地照搬照抄对象，而是在对象某些特质的启发下进行妆容的设计再造。需要注意的是：要善于发现借鉴对象的特点，借鉴对象在形象、色彩、造型等方面要适合表现妆容，转化形式要自然得体，避免生搬硬套。如图3-28所示为借鉴了花的色彩、造型进行创意设计的一款妆面造型，在此造型中，更多让人体会到了花色的绚丽，而且不拘泥于叶片本身的颜色，并创意性地将花的造型应用在眼影的化妆中。

图3-29　借鉴京剧造型的化妆设计

如图3-29所示为借鉴了京剧元素的妆面造型设计，在该设计作品中，通过简练的笔触画法，勾勒出京剧元素的发片、简要概括的脸部轮廓，并结合了现代感很强烈的眼部设计，蓝色的嘴唇是为了与眼部色彩呼应。该设计既具有古典元素，也具有现代感。

如图3-30所示为借鉴花纹图案纹样为主题的妆面设计。唯美的花纹图案可以应用在妆面设计中，在应用的时候，要注意转换和变化，不要单一地直接应用。

（a）　（b）
图3-30　借鉴图案纹样的妆面设计

图3-31　转移表现法

图3-32　服装材料转移表现

图3-33　色彩表现法

4. 转移表现法

是在化妆形象设计表现时，将用于服装造型设计或者发型设计中的审美感觉转移到化妆表现和设计构思中，运用这种手法的时候，要求设计者对服装、发型有足够的了解和认识，并能够体会相互之间的联系，善于进行借用设计。如图3-31所示为将西班牙轮状皱领应用在头部造型中。

如图3-32所示，是将服装材料中的硬纱、蕾丝花边应用在妆面和发型设计中的效果。在创意设计造型中，这样的应用非常普遍，也可以达到与服装相互呼应的效果，在实际的造型设计中，可以多多练习。

5. 色彩表现法

是运用色彩的情感特征、象征性、象征意义、联想意义等，进行妆容的形象设计，需要事先进行反复的效果图设计和构思，善于应用色彩的属性、色调来表现设计意图，还要考虑色彩的选择可能产生的实际妆面效果。

如图3-33所示为应用棕红色进行妆面和发型的设计，体现了热烈、奔放的情感主题。在化妆形象设计中，色彩的选择尤其重要，每种色彩或者不同的色彩搭配都有不同的心理感受，比如：蓝色、褐色和灰色往往给人以漂亮和时髦的感觉；紫色显得温和、幽雅和神秘；桃红色能增添妩媚动人的风姿，比较适合年轻人和皮肤白皙的人；紫罗兰色给人以成熟的魅力；绿色使人有爽快和清凉的感觉；金属色彩一般是在舞台上使用的，使人显得另类、神秘和高贵。

需要注意的是，在实际的妆面设计中，化妆设计师经常会将几种整体妆容设计技法综合应用，因此，灵活掌握各种表现方法是很重要的，多加练习才能达到熟能生巧的地步。

实训项目

项目综述

此项目为训练创意造型彩妆的颜色搭配，主要通过来源于大自然中的水果色彩，进行此款彩妆的色彩搭配，进而感受整体妆面色彩的搭配效果，并进一步深入感受其所体现出来的色彩搭配心理感受。

项目要求

要求以自然中的水果颜色为灵感来源，提取其中的色彩，用彩色铅笔等绘画工具，通过手绘的形式，创作出一款创意水果色彩妆。要有主题思想和色彩的灵感来源，颜色表现要靓丽、晶莹，体现出水果和夏季给人的滋润感受。

项目名称	创意水果彩妆
环境要求	配备桌椅的专业美术教室，有作品展示墙，便于随时展示学生绘画作品和作品讲解之用；有多媒体设备，方便观看图片资料。
材料要求	学生自备彩色铅笔、色粉笔、马克笔、素描纸、画板、铅笔、橡皮等一系列绘画工具。
知识技能要求	具备色彩基础知识、色彩和化妆造型创意能力、基础绘画能力，能熟练应用各种色彩工具。

操作步骤

1. 项目分析

（1）概念分析 水果妆顾名思义，整个妆面给人一种接近水果的色彩和清爽的心理感觉，运用水果缤纷的色彩和清透的质感，营造出绚烂迷人的视觉效果。打造一个简单的水果妆，能让人变得更加青春可爱。水果妆也是夏季化妆造型中流行的主题色彩搭配。

（2）颜色的选择 可以在已有的色彩搭配知识基础上，选择自己认为适合的水果色彩搭配，进行妆面色彩设计，其色彩搭配的重点，在于要体现出水果色彩的亮丽、水润、晶莹剔透的感觉。水果色彩如图3-34所示。

（3）图片分析 图(a)中的水果色彩有紫色、黄色、绿色、红色等，图(b)为黄色和蓝色的搭配，色彩很晶莹，搭配在一起感觉非常舒服和清爽。因此，在妆面的色彩设计和选择上，可以根据个人的理解和喜好，进行多种选择和自由搭配。

2. 效果图绘画步骤

确定好颜色的设计思路和搭配效果，也可以设计一

（a）

（b）

图3-34
不同色彩的水果
（图片来源：昵图网）

个小草稿，体会一下色彩搭配效果是否满意。

步骤1：按照蛋形构图方法，绘画一个正面女性脸，五官等比例关系注意运用以往所学的“三庭五眼”等基础比例知识，注意眼睛要画出漂亮唯美的标准眼形。如图3-35所示为步骤1。

步骤2：用彩色铅笔绘画粉色眼影，从上眼睑的内外眼角开始涂重，并向眼睑中部柔和变淡，为了达到柔和的效果，也可以用色粉笔逐步描画。唇色用粉红色涂画，可以先画出唇的外轮廓线，再填颜色，唇部突起的部分画出高光，使嘴唇的立体感更强。如图3-36所示为步骤2。

步骤3：用彩色铅笔画出眉毛和睫毛，注意眉头颜色深，向眉尾方向逐渐变浅；画睫毛要注意弯曲的角度和方向；画腮红，腮红用粉红色，可以用色粉笔来表现，因为色粉笔表现的效果比较细腻，渐变效果也可以很容易地用棉签表现出来，腮红要注意柔和过渡和深浅变化，并注意腮红的位置。如图3-37所示为步骤3。

步骤4：对作品进行最后的整理，用肉色的色粉笔画耳朵、脖子等位置，注意明暗变化，并用肉色彩色铅笔画出轮廓线，用黑色彩色铅笔加深上眼线和睫毛，注意要有色彩的晕染效果，使画面立体感更强，切忌色彩之间没有衔接和过渡。至此作品全部完成。如图3-38所示为步骤4。

如图3-39所示为此款水果彩妆在人物面部的实际色彩应用效果，整体妆面强调色彩的高透明度和柔和效果，粉色的明度变化体现了妆面的温暖气息，像水果一样晶莹，比较适合表现少女主题。配合后期电脑软件效果处理，可以更加完美地体现该主题的含义。

图3-35　铅笔黑白效果图

图3-36　粉色眼影效果图

图3-37　画好的五官效果

图3-38　整体效果图

图3-39　水果妆完整效果

项目小结

1. 主题设计阶段

按照项目要求要定位准确，根据要求准确选择能够表达主题的色彩搭配，可以进行小型草图的搭配试验。

2. 绘制阶段

此阶段充分应用了以往所学的素描能力和色彩晕染能力，颜色晕染过渡要自然，形成精彩而特殊的渲染、渗染效果的画法，呈现出朦胧、柔和、渗透、界定不明的特殊效果，可以结合水彩画中的技法，最能表现出淋漓尽致、畅快自然、柔和优美的感觉。用色粉笔也能达到柔和甜美的过渡晕染效果。

3. 整理阶段

对整体画面进行整理，在耳朵脖子等部位画出肉色，会显得更加立体。化妆设计所应用的色彩是来源于生活的，所以，在日常学习中要多关注生活，而生活中可以学习的艺术角度是非常多的：民族色彩、历史上各朝代造型的色彩、西方艺术的色彩应用等。灵感来源是层出不穷的，艺术来源于生活又要高于生活，只有对生活有热情、有自己独到见解的设计师，才有好作品不断出现，才会给大家带来与众不同的色彩搭配。

第四节　主题妆容艺术表现

在主题妆容的设计中，可以选择的主题妆容非常丰富，例如：花卉植物、山川河流、风雨雷电、民间传统元素、自然主题、装饰艺术素材、古典元素、戏剧元素等，重点在于主题的选择和立意要准确，便于化妆造型设计师想象力和创造力的发挥，因此，要从主题的素材、情感、想象、灵感、色彩等方面综合考虑。本小节重点以古韵主题妆容和借鉴主题妆容为例来诠释。

一、古韵妆容表现

古韵主题妆容的艺术表现，是指以古代的发型、服装服饰、绘画作品、建筑、艺术品、亭台楼阁等古典元素为灵感来源，进行创意妆容的艺术设计和表现。风格表现有：戏剧艺术风格、新古典主义风格、怀旧风格等。通过借用古韵元素，使古典与现代元素相互结合，为现代所用，进行时尚的创意设计，达到让现代人认识古典元素、学习古代艺术知识的目的，并不是对古代元素单纯地照搬照抄。

1. 戏剧创意妆容造型设计

中国的戏剧造型，无论是在化妆，还是在服装服饰方面，都有许多现代化妆师、服装设计师可以应用的元素，通过应用其元素，进行现代风格的造型设计，可以达到向大众推广古代戏剧文化的目的。

（a）

（b）

图3-40　古韵妆容表现——创意京剧妆

（a）

（b）

图3-41　京剧元素创意发型（毛戈平化妆学校学生作品）

如图3-40所示为以中国传统京剧造型中的化妆造型为灵感来源，而进行的具有古韵风格的妆面色彩和造型设计，两幅作品均一定程度地应用了京剧造型中眼影化妆的特点，但又有所改变和个人的创新，并与时尚元素结合，图(a)时尚大气，图(b)卡通味道比较浓郁，两幅作品均完美体现了传统与现代的紧密结合，也为化妆色彩和主题创意提供了很好的思路。

戏剧造型在实际的化妆造型设计中，被非常广泛地应用。如图3-41所示为两幅应用非常好的戏剧创意造型。图3-41中(a)的造型非常完美地应用了中国传统元素京剧造型中的发型样式：粉色的绒球和额头的发片等，但是其中也有许多现代元素：眼影造型的设计，发型中花朵造型配饰的设计，最终整体造型显得时尚又不失传统文化意韵，是典型的古典和现代元素的结合，造型非常优美，特色鲜明。图3-41中(b)的造型，也有京剧的造型中发片元素的应用，整体造型中也有中国古代包髻的应用，银色的选择非常时尚和另类，饰品设计具有中国传统云纹的特征，该造型设计大胆而富有创新性。

如图3-42所示，是应用简笔画法创意设计的一幅以京剧元素为主题的设计作品，简要概括的绘画手法，可以快速地概括设计者想要表达的意图，适合在比较紧急需要提供设计造型的情况下应用，也是一种很有特色的表现手法，具有独特的艺术美感。

图3-42　简笔画法的艺术表现

2. 古典元素妆容造型设计

中国有很多可以借鉴的古典元素，比如：汉代妆面造型、唐代妆面造型、清代妆面造型等，无论是妆面、发型还是服装服饰，都有许多可以借鉴的元素。如图3-43所示为两幅以古典元素为灵感来源的妆面造型设计，两幅作品的发型具有古典元素特色，图(b)的造型还结合了西方宫廷元素，非常有设计特色。

（a）

（b）

图3-43　古典元素造型设计

图3-44　简笔画法古典元素表现

如图3-44所示，是应用简笔画法表现的一幅古典元素风格的妆面设计作品。简笔画法也可以表现出具体的细节和立体阴影、明暗等效果，其画法和风格概括而大气，简单明了。

二、借鉴妆容表现

如前文所述，是借鉴某种对象的一些特质，运用到妆容的设计中，可以是借鉴对象的色彩、造型等。如图3-45所示为借鉴了西方宫廷元素的妆面造型设计，在此造型中，发型是典型西方宫廷式设计，眉形具有西方哥特式化妆的风格，眼影的设计非常现代化，是一副很有特点的妆面造型设计。如图3-46所示为借鉴古埃及元素的妆面设计，眼影借用了古埃及造型，又有所创新，体现了设计者对古埃及元素的个人理解。

图3-45　借鉴西方元素造型

图3-46　借鉴古埃及元素造型

对大自然中某些元素的借鉴，也一直是化妆设计师常用的一种表现手段，如图3-47所示为两幅借鉴自然元素的设计效果图。图（a）是应用植物的元素，图(b)应用了精卫填海的故事，将鸟的羽毛作为重点元素，两幅作品的设计均非常巧妙，很好地借鉴了对象，体现了设计主题。

大自然中可以作为妆面设计的主题也很普遍，但是，每一个设计师都会有自己的独特理解和借鉴手段，因此，表现形式也会各不相同。如图3-48所示为两幅以花为主题的妆面设计，图(a)相对简洁明快，图(b)繁花似锦，两幅作品各有特色，表现手法细腻写实，充分体现了春天鲜花烂漫的色彩和明快的心情。

（a）　　　　　　　　（b）

图3-47　借鉴自然元素造型设计

（a）　　　　　　　　（b）

图3-48　借鉴自然元素造型设计

如图3-49中图(a)所示为以春天作为主题的化妆造型色彩搭配设计作品，在此作品中，造型的设计上用蝴蝶、花瓣体现了春天的主题，在面部妆容色彩的应用上，用靓丽的粉红色体现春天的气息，眼影和嘴唇的色彩搭配均体现了春天的朝气。整体妆面色彩设计清新，表现手法独特，符合主题元素的选择。

（a）

（b）

图3-49　借鉴自然元素造型设计

如图3-49中图(b)所示为以花卉作为主题的妆面造型设计，其特点在于：模特是以光头的形象出现，手绘的手法应用在模特的头部，造型新颖，表现形式比较独特。

总结归纳

在本章中，我们重点学习了人物面部五官中的嘴、眼睛等部位的妆容表现技法，这个部分是整体人物形象设计的重要基础，是整体形象设计表现技法的重要组成部分，文中的各种表现技法与实际妆容表现手法基本一致，需要多加练习，并能够达到默画的程度，这样才能为整体人物形象设计服务。在学习的过程中，可以多参考各种期刊杂志中的化妆造型作品，体会其妆面设计的各种手法。

思考与练习

1．人物唇部的化妆表现技法都有哪些？是怎样表现的？

2．人物眼部的化妆表现技法都有哪些？

3．人物面部妆容表现技法有哪些？各自的特点是什么？

实训课堂

1．临摹练习人物的嘴唇、眼睛的各种表现技法。

2．临摹练习人物各种主题的妆面表现技法。

3．设计仿生创意效果妆面表现作品一幅，要求主题明确，用彩色铅笔、色粉笔等工具表现，进行整体妆面造型的色彩搭配效果图绘画，并用文字说明设计意图、应用范围、应用场所等内容。

4．设计主题创意效果妆面表现作品一幅，要求主题明确，用彩色铅笔、色粉笔等工具表现，进行整体妆面造型的色彩搭配效果图绘画，并用文字说明设计意图、应用范围、应用场所等内容。

Chapter IV

第四章 发型艺术表现技法

教学目的

- 掌握点、线、面、体的发型形态艺术表现方法；
- 掌握古代发型的艺术表现方法；
- 掌握古韵风格发型的艺术表现方法；
- 掌握几何形构成发型的艺术表现方法。

重点难点

1. 点、线、面、体的发型形态在实际中的应用。
2. 应用古典元素进行创意风格发型的设计。
3. 应用几何形态构成进行发型设计。
4. 主题风格发型的创意设计。

教学内容

本章重点讲授：点、线、面、体的发型形态艺术表现；同时希望学生能够通过最简单的几何形态来归纳发型，并进行发型的设计；各类主题发型的设计，是进一步学习的重点和难点，怎样应用灵感对象进行创意发型的设计，并与化妆和服装相互搭配，需要不断地学习和实践。多参考和欣赏各类时尚艺术设计杂志和期刊、多学习艺术设计大师的作品，会带给我们很多启发。

第一节 点、线、面、体的发型形态艺术表现

不论怎样复杂的发型，都可以用点、线、面和体来归纳总结，这四个方面是发型构成的单位、造型元素和表现形式，是从简单到复杂、从个体到整体的一个过程，在发型的设计中，点、线、面和体都具有各自的表现意义和特征，既有各自的外观表现特点，同时又具备整体的形式美感，能够显示丰富多彩的发型变化。因此，在设计和绘画发型之前，可以用这四个方面对发型进行设计和造型，这种训练方法的特点如下：

（1）能够从简单到复杂，进行发型艺术表现技法的训练。

（2）能够很好地培养对发型的整体认识感，能够形成对发型进行归纳和总结的思维方式。

（3）能够培养学习者的发型审美能力，能够在过程中进行发型设计，并总结经验。

（4）能够锻炼学生将素描的虚实、体面、质感、纹理等绘画知识应用在表现技法中。

（5）培养学生的发型表现技法能力以及发型设计能力。

（6）能够呈现出多样化的发型表现形态。

一、点的发型形态表现

1. 点是基本形态

点是发型构成的最基本形态，可以提供多种发型设计的变化。单个的点可以是发型的主体和修饰的重点，也可以是一种装饰或者点缀；多个点可以组成线，多条线可以形成面，面的组合成为体。如图4-1所示为多个点的发型设计，也是常见的盘发造型，成为发型中点的主体内容。

（a）

（b）

图4-1 多点发髻设计

2. 点的多种表现形式

图4-2　单个点发型设计

发型设计中的点，是一种相对的视觉形式，可以有多种表现形式，例如：可以是以单独一个点的形态出现：一个发髻、一个发卷、一个发结、一个发花；同时，也可以是相对大一些的点形态，例如：螺旋盘发、多个发卷的卷发形态等。如图4-2所示为单个点为主的发型设计，这些点有的是发髻，有的是发花，有的是发卷，都具备单个点造型的特点，但是表现形式非常多样化。

3. 点在发型设计中的创意性

在点的构成中，可以是一个点、两个点、三个点、多个点的组合等各种形式，由此可以引发出各种创新样式的发型设计。这种方法可以表现出创意特点，可以产生多种理想效果的发型构成表现。如图4-3所示为各种多点形态的发型艺术表现形式。

4. 点的形态美感规律

在点的造型设计中，可以用对称、非对称、均衡、节奏、韵律等形态美感规律来设计。无论是对称还是非对称的点构成，都具备各自的造型美感和特点，节奏和韵律等感受，与音乐是一致的，因此，在发型的艺术设计中，可以多参考各种相关艺术学科门类的表现形式，进一步开拓设计者的思维。如图4-4所示为各种点在发型设计中的艺术表现形式。

图4-3　多点发型表现形式

图4-4　各种点在发型设计中的艺术表现形式

图4-5　古典发型创意设计

图4-7　方形发型

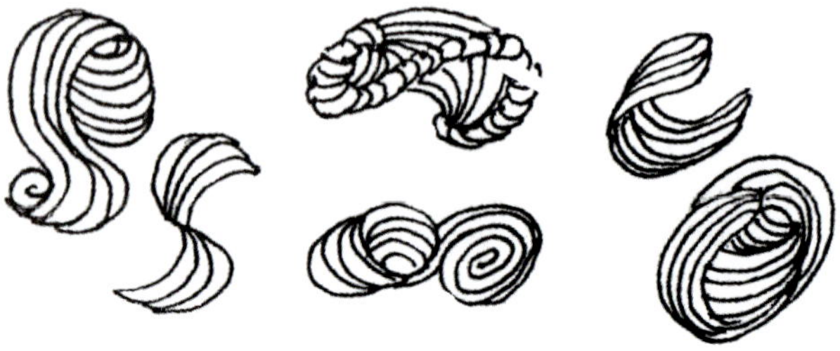

图4-8　各种字母型发型

图4-6　现代发型设计

图4-9　菱形发型

图4-10　圆形发型

5. 多点组合

多点组合的形态表现，是以一个点为起点进行设计，也就是这个起点是主要的设计主题，随着设计的成熟和变化，点的形态也可能被弱化，或者变得含蓄。发型设计中点的表现形式，可以富有现代感，也可以富有创意性，还可以富有古典味。如图4-5所示为一款以点的设计为主体的古典发型创意设计，该效果图采用螺旋造型，紫色和黑色的搭配，比较具有独特的创意效果。如图4-6所示为一款以点的设计为主体的现代发型设计，红色的点造型灵感来源于字母S，色彩对比突出，表现手法独特。

6. 点的形态

点的形态也可以用字母、数字或者几何形状来形容，比如：S形、圆形、菱形、8字形等。如图4-7所示为方形发型，如图4-8所示为各种字母型发型，如图4-9所示为菱形发型，如图4-10所示为圆形发型。

二、线的发型形态表现

1. 线的多种表现形式

线在发型设计艺术表现中非常重要，可以构成各种主题风格，具有非常丰富的表现力和极强的创造力。线的构成可以参考平面构成的表现形式，比如：发射线、直线、卷曲线、辫状线、成角度的线、点和线的组合等；线还可以存在于不同的位置，比如：头顶部、后发区部位、前发区部位、侧发区部位等；线的存在形式，可以是真发，也可以是假发，由此可以产生各种丰富的变化。如图4-11所示为用挑染的方式表现出线态发型。

2. 用线表现纹理质感

发型中的线，还可以表现各种不同的纹理质感，比如：平滑的、蓬松的、卷曲的、拉丝的、起毛的等，不同的纹理可以产生不同的美感和外形特征，同时也产生了不同的发型设计风格。如图4-12所示为用假发塑造的、有动感的线态发型。

3. 用线表现动、静态

线的表现形式可以是动态的，也可以是静态的，或者是动静结合的。例如在摄影作品中，为了表现动感的发型，可以将头发吹起来，蓬松的发型会随着模特的走动而充满动感。如图4-13所示为各种动态和静态的线态发型设计。

总之，线在发型的表现中，也和点一样，可以有对称、非对称、节奏、韵律等美感变化。发辫、发缕、单线、多线、横向、纵向、斜向、碎发、发片、各种刘海、长短变化、质感变化等，线的艺术表现形式极其丰富。

图4-11　挑染表现的线态发型

图4-12　假发塑造的线态发型

图4-13　各种表现动态和静态的线态发型

三、面的发型形态表现

1. 面的多种表现形式

面是由线组成的。在发型表现中，有整体的面、分区的面、分片的面、层次的面等。面也可以是有具体形状的，比如：圆形、椭圆形、方形、菱形、各种几何形、各种变异形的组合等。面的形式还可以用借鉴、仿生等形式表现。如图4-14所示为用借鉴和仿生的方式，通过大面积的染发效果，形成面的发型表现形态。

在面的表现形式中，可以有大小的面、长短的面、虚实的面、前后的面等，可以结合地表现，也可以具备各自的特征。在进行比例分割的时候，可以横向、垂直、纵向、斜向和曲向等，如果再与色彩结合起来，表现形式会更加丰富多彩。如图4-15所示为大面积染发后的效果。

2. 面与其他元素的结合运用

利用发量和发片的组合，可以形成不同形式的均衡感，比如：色彩表现的均衡、比例表现的均衡或者位置上的均衡等，同时具有装饰感和变化感。

利用假发与真发组合，可以形成面态的发型表现，假发的表现形式非常丰富，可塑性强，非常适合创意发型设计，假发可以与真发、发饰品、色彩形成各种组合，设计的时候要注意其合理性和美感表现。

（a）

（b）

图4-14
面的发型表现形态

（a）

（b）

图4-15
大面积染发效果

四、体的发型形态表现

1. 体的多种表现形式

发型设计中，体是面的组合最终结果。在发型设计表现中，整体的一个发型可以称为体，多个面的组合也可以称为各种造型的体。体的呈现形式最终会因为不同发型的设计而多种多样，如图4-16所示为发型设计中常见的体的表现形式。

（a）　（b）

图4-16　体的发型表现形态

在发型的艺术表现中，也经常会用大体轮廓的形式来表现，通过具象的几何形态来表现发型，可以化繁为简，例如：将发缕分组，分别表现，然后最终组合在一起。如图4-17所示为将多组发缕最终组合在一起，形成体的表现形式。

（a）　（b）

图4-17　多组发缕组合成体的发型表现形态

2. 体与其他元素的结合运用

体的表现形式，如果结合发型颜色的设计、发饰品、各种肌理质感的搭配设计，最后会有非常丰富的表现形式，在进行设计的时候，要注意主题要求或者灵感的来源，体会体面的表现关系，要有虚实、前后、主要和次要关系的设计。如图4-18所示为分组的体面关系设计。

（a）　（b）

图4-18　分组体面关系设计

第二节 古代发型艺术表现

一、古代发型艺术表现形式

1. 中国古代发型艺术

中国各个朝代的发型，都有各自的时代特点。相传在中国的殷商时代，就开始出现了辫髻、高髻等发型，商代有了铜梳、铜笄，秦代有望仙髻，后汉有坠马髻；盛唐的时候，非常流行各种高发髻，妇女用真发和假发塑造各种发髻，比如：抛家髻、飞天髻、簪花髻、垂练髻；清代女子的两把头（大拉翅）、头箍等，美丽的发髻通过样式丰富的发簪、步摇、发钗、花、梳篦、点翠、珠串等发饰品的装饰，构成了我国古代女子极其丰富的发型。中国古代女子的发型，不但体现了其个体的身份和地位，还因年龄的不同有所区分，不同年龄段的女子，发型是有严格规定的。如图4-19所示，依次为汉代女高髻、汉代女双环髻和汉代女单环髻；如图4-20所示依次为明代女髻、明代女挽髻和明代女高髻插步摇。

图4-19 汉代女高髻、女双环髻和女单环髻

图4-20 明代女髻、挽髻和高髻插步摇

通过了解古代的发型并以古代发型为灵感来源，可以进行古装影视人物的发型设计艺术表现，可以在此基础上进行创意表现和发展，使创新的发型既具有历史时代感，又具有现代意味，还可以进行新古典主义发型的创意设计。如图4-21所示为中国各朝代部分代表发型。

图4-21
中国各朝代代表发型

2. 外国的发型艺术

国外各个国家发型的演变，也是随着生产力的发展而不断创新的。为了改变发型，相传古埃及人曾经用稀泥、木棍卷发再热晒的方法烫发。从欧洲文艺复兴时期开始到19世纪，是欧洲发型快速发展的时期。各种发饰品也是现代发型创意设计的重要灵感来源。

（1）古埃及国王被看作是守护神和太阳神的象征，古埃及国王的王冠是其权力和地位的象征。王冠上的鹰是上埃及的象征，上埃及的白色王冠常装饰有鹰；眼镜蛇是下埃及的象征，下埃及的红色王冠常装饰有眼镜蛇，二重冠表示上下埃及的统一。王冠一般用毡子和金属制成。如图4-22所示为古埃及法老不同时期的王冠。

图4-22
古埃及法老不同时期的王冠

古埃及人发型和发饰品的风格，一直是创意设计师们反复应用的主题。如图4-23所示为2004年DIOR品牌推出的具有古埃及风格的发型设计。设计师充分应用了古埃及发式的灵魂，又没有被灵感来源所束缚，是不可多得的时尚设计佳作。

图4-23
创意设计古埃及发型

（2）古希腊发型：波斯战争之前，男女都是一样的发型，将长卷发披在肩部或者后背，额头前有短发卷垂下。公元前5世纪前后，古希腊人开始将垂在后背的头发用缎带系起来，额头部位扎发带或者发环，并开始使用黄金和白银做的发环。古希腊妇女非常讲究发式，她们将精心护理的金黄色头发梳理得井然有序，不留一丝散发，并把卷曲形状的头发按照一定的方向和位置在头上摆放好，有的还在脖子后面挽一个发髻，或从发髻中垂下缕缕卷曲的短发。常见的用于固定发型的是一根束发带，也有用雕花骨针、金或铜发针以及发网、花冠等束发。花冠出现较晚，有一种用蛾眉形金银加工的花叶冠，上面装饰的花叶也全部是金银薄片制成的，这种花冠男子也用。如图4-24所示为古希腊女子发型。

（3）汉宁是哥特时期女子的一种圆锥形帽子，用糨糊把布料粘贴成圆锥形，然后在其表面糊上漂亮的面料，帽檐处还有长达肩部的天鹅绒装饰边，帽子上还要遮罩一层薄纱，最高的帽子达1米，帽子遮盖不住的头发要剃掉。如图4-25所示为哥特时期女子的汉宁。

（4）艾斯科菲恩是哥特时期女子的一种头上装饰品，是在头上横向张开发结，在发结上再加上网，网上加骨架、镶嵌钻石，最后罩上薄纱，样式也非常丰富。如图4-26所示为哥特时期女子的艾斯科菲恩。

（5）17世纪的欧洲，迎来了男女戴假发的全盛时期，并在假发上撒大量的香粉和金粉，有人甚至为了戴假发而剃掉了真发，假发从中间分缝成两个高山形，垂在肩部，并卷成发卷。直到今天，欧洲的法官、审判员和辩护律师等在开庭的时候，还戴着假发，就是这种历史习俗的延续。如图4-27所示为巴洛克时期的男子假发。

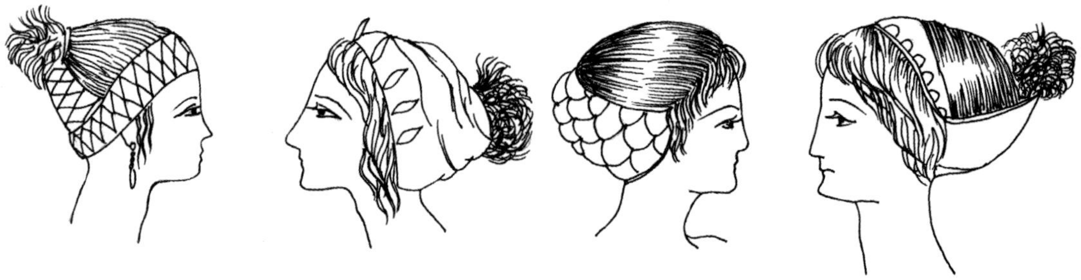

图4-24　古希腊女子发型

图4-25　哥特时期女子的汉宁

图4-26　哥特时期女子的艾斯科菲恩

（6）18世纪60年代后半期，女子的发型出现高发髻，极端者高达1米，下颌是全身高度的1/2处，用马鬃或金属丝做支撑，再覆盖自己的头发和假发。在高耸的发髻上还做许多装饰，如：山水盆景、森林、马车、农夫、牧羊人、厨房情景、金丝雀、自鸣钟、三桅战舰等。如图4-28所示为漫画作品中的女子发型。

学习和了解中西方古代发型，体会其审美特点，可以了解历史及时代装扮特点（也包括服装和化妆的装扮特点）。在学习的过程中，要求用临摹古代发型的方式，来加深对古典发型的认识，然后参照古代发型和现代发型进行创意发型的设计。

图4-27　巴洛克时期的男子假发

二、古韵风格发型艺术表现

以古代的发型和发饰品为灵感来源，进行各种创意发型的设计，最终就会形成具有古韵风格的发型设计，这是对古代服装、发型、妆面的时代演绎，是在设计作品中注入古代的元素，使设计的发型造型既具有古典味道，又具有时代感，对古代元素进行创造性的应用，也是促进古代元素、民族元素进一步大发展的途径。

在进行创新设计的时候，要注意与现代元素结合，注意吸取古典元素的营养，进行归纳和变化，避免完全抄袭，否则是没有创新意义的。在创意设计发型的时候，也要考虑服装、妆面的整体协调统一。如图4-29所示为以古代元素为灵感来源，创意设计的各种发型。

（a）　　（b）

图4-28　漫画作品中的女子发型

图4-29　具有古代元素的发型设计

实训项目

项目综述

在发型造型设计中，主要表现在外轮廓型、结构、质感、肌理和体积感的塑造等因素方面。其中，还包括其他关联因素对发色的影响，如：肤色、妆色、服装色彩以及人物整体的设计风格等。

1. 发型设计的色彩和形态

在发型的色彩设计中，主要是运用色彩进行发型的形式美构成，运用色彩和形态来强调发型形态构成的特点以及运用色彩来强调发型的装饰性表现效果。

在发型设计的形态构成因素中，有整体形态和局部形态两种表现形式。整体形态就是对整个发型外轮廓形的设计，局部形态设计是在整体的基础上进行细节设计，主要手法有：分区、流向、分层次和纹理表现。发型的创意设计还要注意色彩的表现力，就是要在发型的整体造型上想办法体现出创意来，例如：装饰性色彩的表现，就是运用形态分割的方法，将两种或两种以上的色彩进行组合搭配，形成优美和谐的色彩搭配或装饰图案造型。

在进行古典发型造型的艺术表现中，要注意以下几点：

（1）在整体造型的设计上，要与被设计者的肤色和气质相统一。

（2）在局部造型的设计时，要与整体协调统一。

（3）在色彩的选择上，要使主体颜色和辅助颜色和谐，避免色彩的花和乱，还要与服装和妆面整体搭配。

2. 项目介绍

该项目为应用历史上的发型题材为灵感来源，进行发型整体设计，主要目的是强化对历史发型和民族风格艺术发型的关注，并能够充分应用古代发型元素，扩大自身对艺术的广泛性认识。

项目要求

以古代发髻为灵感来源，设计一款时尚发型，在发型的色彩选择上要有创新，即：将古代的元素为现代的时尚舞台所用。用彩色铅笔、色粉笔、马克笔等绘画工具，通过手绘的形式，绘画出效果图，要有主题思想和灵感来源的说明。如图4-30所示为民国时期女子发型，如图4-31所示为唐代女子发型，供设计时参考应用。

图4-30　民国时期女子发型

图4-31　唐代女子发型

项目名称	创意晚宴发型设计
环境要求	配备桌椅的专业美术教室，有作品展示墙，便于随时展示学生的绘画作品和作品讲解之用；有多媒体设备，方便观看图片资料。
材料要求	学生自备彩色铅笔、色粉笔、马克笔、素描纸、画板、铅笔、橡皮等一系列绘画工具。
知识技能要求	具备色彩基础知识、具备色彩和发型造型创意能力、具备基础绘画能力、具备发型造型的基本历史知识，能熟练应用各种色彩工具。

操作步骤

1. 项目分析

（1）概念分析　发髻是中国古代发型中非常典型的样式，在现代的设计舞台上也非常实用，关键是要把握好色彩和造型的设计点，并能够与现代元素结合，就可以成为时尚的设计造型，在现代设计舞台上，这样的成功设计案例非常多。

（2）颜色的选择　为了与现代元素相互融合，在发色的设计上可以尝试用黑色或者棕色，因为这两种颜色与其他任何色彩都相对容易搭配，因此比较容易进行发型配饰色彩的选择；或者根据自己的喜好进行色彩的设计。总之，整体设计要符合所选择的主题。

2. 效果图绘画步骤

确定好颜色的设计思路和搭配效果，也可以先设计一个小草稿，体会一下色彩搭配效果是否满意。

步骤1：如图4-32所示，按照蛋形构图方法，绘画一个正面女性脸，五官等比例关系注意运用以往所学的三庭五眼等基础知识，在发型造型的设计上，设计成盘在头顶的两个圆形包髻，形成两个高髻，造型类似葫芦，发色的选择上选用黑色，妆面造型设计成现代感很强的蓝色眼影和粉色腮红。

步骤2：如图4-33所示，发色的绘画首先从写生绘画的角度考虑，也就是要注意光源的来向，本造型的光源来向为正面，所以高光分布在包髻的中间，从颜色重的两侧开始下笔，注意起笔的时候先从颜色深处开始。因为颜色深，可以比较用劲，高光部分颜色浅，用劲要小，形成自然的光感和立体感。

步骤3：如图4-34所示，继续刻画和加深发色，并在发色中少量加入棕色，使其色彩更加丰富、立体感更强，用棕色和黑色画眉毛，并用蓝色修饰眼影，用粉色修饰腮红，用

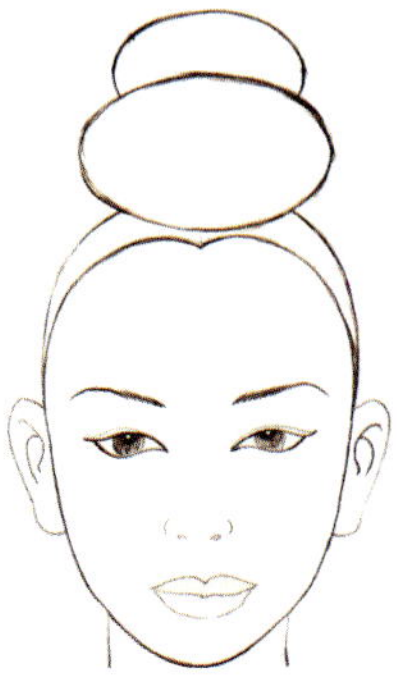
图4-32
起稿

图4-33
第一层上色效果

图4-34
继续加深发色

图4-35
整体刻画

图4-36
模特造型

粉红色画出有立体感的嘴唇。远观作品效果，随时调整画面。

步骤4：如图4-35所示，在步骤3的基础上，继续调整画面，加深色彩，并画好睫毛，注意睫毛弯曲的方向。为了使造型更整体，并有时尚气息，加入有中国特色的筷子作为发型的饰品，在皮肤暗影的部分可以用肉色的色粉笔进行修饰。

此款发型的模特造型效果如图4-36所示，该造型既有古典韵味，又具备时尚气息，筷子作为发饰品的应用也很有特色，体现了中国传统元素的现代应用。

项目小结

1. 主题设计阶段

按照项目要求，首先要定位准确，根据要求准确选择能够表达主题的色彩搭配，可以进行小型草图的搭配试验。

2. 绘制阶段

此阶段充分应用了以往所学的素描写生能力和色彩晕染能力，对于写生基础有一定的要求，要能够表现出发型的立体感效果，并在绘画中用颜色的深浅、高光等体现出来，使造型更逼真和形象。

3. 整理阶段

对整体画面进行整理，对于认为还不够完美的地方进行必要的修饰，或者内容的增加，进一步烘托主体造型。

创意晚宴发型设计所应用的造型和色彩，一般来源于古代发型元素、民族发型元素、民族色彩元素等方面，在日常学习中要多关注发型设计比赛，而民族色彩、历史上各朝代发型造型的色彩和样式、西方发型艺术的色彩应用等，是应该重点学习的对象，要勤于思考和辛苦努力才能创新出优秀的作品。

第三节　发型外形艺术表现

一、发型外形的装饰性表现

在发型表现中，外形的表现是很重要的一步，通过发型外形的表现，可以体现出发型的内外轮廓形和发型的体积感、重量感。发型的外形表现有多种方式，可以用绘画中的写实手法或写意手法，而装饰性绘画的手法，是一种独特的、具有装饰性效果的特别表现手法，其主要特点是注重外轮廓形状的装饰性表现，欣赏性的特点更加突出。如图4-37所示为具有装饰性艺术风格的发型效果图。

发型装饰性的艺术表现，是用黑色的剪影造型表现发型的外轮廓，使人对外形有清晰的认识，并体现出体、面的重量感、长度感、形态感等。

装饰性的艺术表现形式，可以将复杂的发型简单化处理，是用快捷简单的方式来表达设计师的设计意图，也是一种具有个性化设计风格的表现手法，是用最简单的外形来表现发型的形态、发丝走向、纹理和风格，同时具有装饰美感。如图4-38所示为具有装饰美感的发型设计。

图4-37　具有装饰性艺术风格的发型效果图

图4-38　具有装饰美感的发型表现

在进行装饰性艺术表现的时候，还是可以先通过临摹的方法来学习，可以选择具有典型特色的发型进行临摹学习，然后选择不同外轮廓形状的发型来进行设计，并进行归纳处理，最后，在设计好的外轮廓发型上，要加上相应的装饰性花纹、装饰性图案等，使整体发型更加具有装饰性的艺术美感。

二、发型的几何形构成艺术性表现

几何形发型构成，是指用几何形状来归纳发型的外轮廓形，是从平面构成的角度对发型设计的探索和研究，因为几何形状是平面设计和日常生活中最常见的形状，用这样的方式对发型的外轮廓进行归纳，不但严谨，而且便于理解，又有丰富的联想、想象和设计的空间，还可以进行各种创意形象的设计。本部分内容重点从单一几何形体对发型的归纳进行说明。

要对发型的外轮廓有感性的认识，能够用相对简单的几何外形对发型进行概括和归纳。

能够用设计线对发型进行分区设计、流向设计、纹理设计，并具有平面构成的审美特征，设计的时候要注意把握几何形的外形与人物头面部的关系。

在进行几何外形发型设计的时候，要同时具有创新性、审美性、合理性和工艺方面的可执行性。

在设计之前，首先要有设计主题，或者设计思路，要对发型设计有真实的感受和领悟，可以从简单的几何形状设计开始，然后可以进行相对复杂的外形设计，并注意把握其中的规律。

可以采用借鉴、仿生的方法进行发型外形的设计。大量的练习是非常必要的，可以通过临摹或者各种自己喜欢的学习方法来学习，并大量关注历史发型设计以及现代发型设计，以便从中寻求灵感来源。如图4-39~图4-41所示为各种几何形状的外轮廓发型设计。

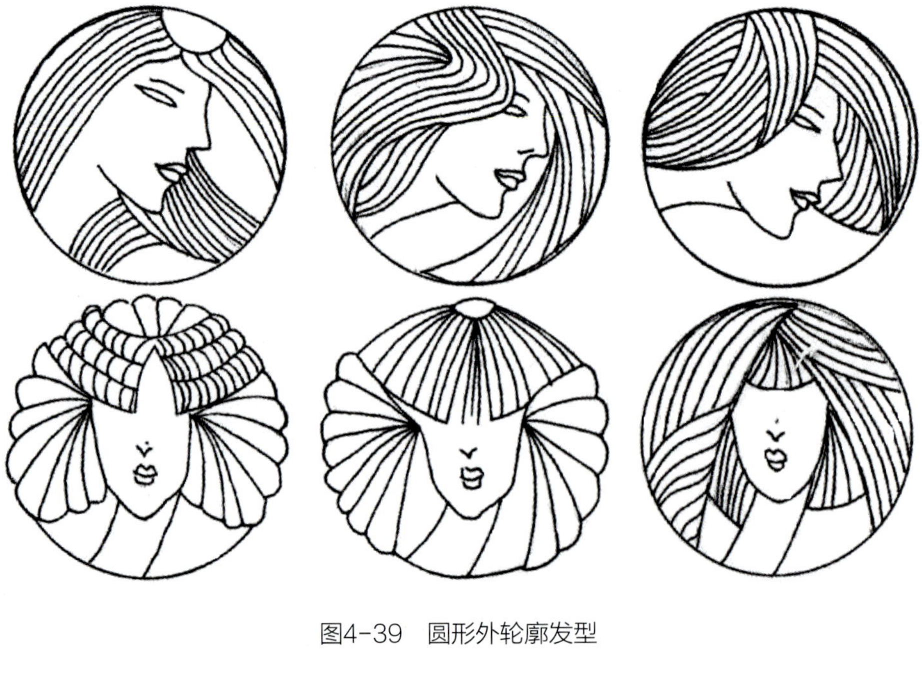

图4-39　圆形外轮廓发型

图4-40　菱形外轮廓发型

图4-41　梯形外轮廓发型

第四节　主题发型艺术表现

一、创意发型艺术表现

创意发型的设计，如同化妆创意设计一样，可以采用各种借鉴、仿生、借用、模拟等方式，因此最后的呈现方式也是多种多样的，关键是发型的设计主题要突出，要有主有次，避免色彩与造型杂乱无章，没有美感。

如图4-42所示为具有仿生创意的发型艺术表现。图（a）在色彩的设计方面，应用了

（a）

（b）

图4-42　仿生主题创意发型

有彩色与无彩色的搭配，无彩色与任何有彩色的搭配，都能达到调和有彩色的目的，该作品中蓝色与黑色的搭配及其发型的造型设计，比较适合在影视作品或者特殊的造型设计中出现，其造型仿照了动物的犄角，该整体发型设计无论从颜色搭配到造型设计，都大胆而且新颖独特，体现了设计者大胆的想象力和丰富创造力。

如图4-42中的图（b）用单色棕红色来表现发型的色彩表现效果，单色表现比较容易达到协调的效果，适合搭配白皙、麦芽肤色或古铜肤色，妆面可以尝试应用清爽明快的水果色系。在此作品中，发型通过盘发的造型手法，以水中鱼的造型为灵感来源，卷曲的发型像流动的水，眼部的妆容模拟了鱼鳍的造型，体现了“如鱼得水”的主题，也体现了点和线在发型中的应用特点，色彩的整体搭配中应用了棕色系列的眼影和唇色，整体造型色彩搭配效果比较和谐统一。

前文所讲的西方宫廷服装、服饰和发型，都可以作为创意发型设计的灵感来源，如图4-43所示的两幅设计效果图，都是具有西方宫廷特色的创意发型设计，在图（a）中，金属色彩的装饰发带非常有特色；图（b）中，发饰品的设计具有印度服饰特色。总之，两幅发型设计效果图，无论是在造型还是在色彩选择方面，都非常有创意，而且妆面的设计和表现手法也很能体现设计者的绘画功底。

京剧是中国的国粹，至今已有约200年的历史，其服装、服饰、脸谱、化妆和发型，是多年演变的结果，体现了独特的中国特色。在丰富的京剧中，我们可以借鉴服装服饰、化妆发型、脸谱等很多内容，创意性地与现代元素结合，一方面是丰富了设计师的灵感来源，另一方面也是希望这个古老的剧种能够更加广泛地被大众所认知。因此，设计师不但承担着传播美的责任，还承担着传播历史文化的责任。如图4-44所示为以京剧为主题的两款创意发型，其中图（a）采用动漫风格的表现手法，发型的设计非常饱满，创新性极强；图（b）更多是通过发饰品来体现京剧的元素和意韵。

（a）

（b）

图4-43　宫廷主题创意发型

（a）

（b）

图4-44　京剧主题创意发型

二、古典创意发型艺术表现

无论是西方还是东方，每一个历史时期和朝代，都有很多具有自身特色的发型，这是设计师非常好的创意来源，因此，了解和学习历史，不但能够培养人的文化修养，还能够培养人的艺术修养，从历史中汲取人物发型的设计元素，也是每一个设计师的创意来源。

（a）

（b）

图4-45　发髻主题创意发型

（a）

（b）

图4-46　古代主题创意发型

中国古代发型以发髻为主，所以古代发髻是可以重点借鉴的设计元素。如图4-45所示为以中国古代发髻为灵感来源的创意发型设计。

印度女子的服装服饰以及发型都非常具有民族特色，所以印度风格的造型有很多可以借鉴和发挥的元素；中国唐代女子的发型以发髻为主，各种包髻样式丰富，牡丹花造型、华丽的发饰品，都可以借鉴。如图4-46是两幅分别以印度女子和唐代女子化妆造型为灵感来源的设计作品。

古埃及人一般戴假发，假发要编成很多根小辫子，并用金属环进行装饰，黑色的头发搭配金色的装饰环，色彩搭配非常唯美，女子眼影的化妆一般用两种颜色：金色和蓝色，并描很重的眼线，由于古埃及人是棕褐色的皮肤，因此，金色、各种靓丽的颜色在其造型设计中应用比较广泛。由此可见，古埃及人的整体造型中有很多设计师可以借鉴的元素。如图4-47所示为应用古埃及造型创意的发型设计和妆面设计。

三、卡通创意发型艺术表现

卡通创意发型可以发挥的空间非常大，灵感来源也非常丰富，由于没有太多的约束，因此可以尽情地去发挥和想象，无论是在发型的外轮廓造型，还是在头发的色彩选择和搭配方面，都可以很大胆地选择。卡通的艺术表现形式也可以很夸张，可以拉长各个部位的肢体，可以超越现实中的人物形象比例关系。如图4-48所示为两幅卡通创意风格的发型艺术表现形式，彩色的头发很适合表现儿童题材。

（a）

（b）

图4-47　古埃及主题创意发型

（a）

（b）

图4-48　卡通主题创意发型

总结归纳

在本章中，我们重点学习了：点、线、面、体的发型形态在实际中的应用；如何应用古典元素进行创意风格发型的设计；如何应用几何形态构成进行发型设计；主题风格发型的创意设计艺术表现等内容。可以说每一个部分都是学习发型艺术表现必不可少的内容，在实际的工作应用中，我们总会觉得自己所学的知识不够用，所以，日常的积累是非常重要的，反复的手绘作品练习，可以让我们在头脑中对造型有一个更加具体的认识和理解。总之，持之以恒地学习，一定会让我们不断地进步，不断地积累生活中所需要的知识。

思考与练习

1．人物发型设计中的点、线、面和体，是怎么体现的？用效果图的形式来说明每一种表现形式。

2．人物发型设计中的古典发型设计，可以怎样去表现？用效果图的形式来说明。

3．用效果图的形式来表现一种主题发型设计，并写出简单的设计说明。

实训课堂

1．设计题目：创意京剧发型设计

京剧是一种古老的剧种，其造型也非常有特色，旦角造型根据年龄的不同，造型也各不相同，可以参考图4-49进行以京剧旦角造型为灵感来源的发型设计，可以不拘泥于原有样式，大胆创新和改变，但要注意体现传统元素的独特应用。

2．设计要求：用彩色铅笔、色粉笔等工具表现，进行整体发型造型的色彩搭配效果图绘画，并用文字说明自己的设计意图、应用范围、应用场所等内容。

（a）

（b）

图4-49　京剧旦角造型 图片来源：昵图网

Chapter V

第五章 服装构成艺术表现技法

教学目的

- 掌握服装外形的艺术表现方法；
- 掌握服装局部的艺术表现方法；
- 掌握透明材质服装的艺术表现方法；
- 掌握服装丝绸质感、毛衣质感的艺术表现方法。

重点难点

1. 服装外形的概念和分类。
2. 服装的衣领和衣袖的艺术表现方法。
3. 服装细节部位的艺术表现方法。
4. 服装材质的艺术表现方法。

教学内容

本章内容主要是讲解：服装外形的概念和分类、服装的基本结构、服装的构成形式和各种服装艺术风格的艺术表现手法等。通过本章内容的学习，主要是为整体人物造型设计中的服装造型设计打下坚实的基础，掌握服装和服饰绘画造型设计的方法和技巧。

第一节　服装外形构成艺术表现

服装和服饰的形象构成，是对人物形象的再创造，是一种极其具有装饰性的表现手段，在服装和服饰的设计中，运用色彩、面料、款式、不同质地面料的组合、各种艺术处理等方法，可以形成样式繁多的服装服饰造型，其中也包含了设计师丰富的艺术底蕴和文化内涵。服装服饰的设计要与化妆、发型、环境、时代相互结合，才能具有实际意义。服装通过外轮廓形，可以体现自然和谐的美感，可以与时尚融合，可以与环境协调。

通过学习服装外形，可以了解服装的款式和结构、可以培养学习者对服装服饰的美感、可以掌握整体搭配服装服饰的方法、可以运用不同材料进行服装的设计表现。

一、服装外形的概念

服装的外形，就是指服装的外轮廓形状，是对服装整体造型的一种简单化归纳，是整体的着装状态以及相应的气氛和风格，一般常用剪影的形式表现。服装的外形是对空间的分割，能塑造人物的整体形象，是服装局部外形与整体外形的组合，可以塑造人物形象外形的整体比例美感。

从服装的发展历史来看，服装的外形经常会有戏剧性的变化，也就是服装的外形会反复出现。有经验的人可以通过服装的外形来辨别其所处的时代。

从人物形象设计表现的角度研究服装的外形，主要是从肩部、腰部、裙子、裤子的变化说起。肩部的变化主要有：宽大、细窄、倾斜、隆起；腰部的变化主要有：收紧、放松、提高、降低；裙子的变化主要有：肥大、收紧，裙子的长短也会反复上下移动；裤子的变化有：肥瘦、长短。服装外形的变化经常是五年一变，所以最近十年的变化，通常也预示了今后十年的变化趋势。如图5-1所示为不同历史时期的服装外形变化。

图5-1　服装外形变化

二、服装外形的分类

服装外形分类有：字母形、几何形、仿生形、借鉴形，其中字母形是国际通用的服装外形。

1. 字母形

常见的字母形主要有：S形、Y形、T形、H形、A形、O形、X形等。S形也叫紧身形，是一种紧贴人体的服装外形，能够表现出人体的自然形态特征，能凸显人体的形态美和性感美，对凸显女性胸、腰、臀的三围曲线美感具有实际意义，在实际的应用中，可以与多种形式的服装进行组合搭配，形成不同的美感体验。Y形是上宽下窄的服装外形，可以看成是方形和梯形的组合。这种造型具有动静结合的美感，肩部的夸张使服装外形显得很硬朗，下半身直线的造型有收缩的作用，这一类服装可以是套装，也可以是组合形式。X形，强调女性三围的差异对比，其造型紧收腰身，夸张肩部、臀部和服装下摆，这种服装外轮廓形是女性晚礼服常用的外形，夸张的下摆具有装饰美感、动态感和飘逸感，整体造型可以产生强烈的对比性。T形与Y形相似，都是强调肩部的表现，或者上身与袖子成为一个整体，表现肩部的夸张和硬朗，并且强调肩部以下部位的直线条，不过分强调胸部和腰部，这也是典型的男性化服装外轮廓造型。如图5-2所示分别为H形、A形和Y形服装。

图5-2　H形、A形和Y形服装

2. 几何形

常见的几何形主要有：正方形、长方形、三角形、圆形、椭圆形、梯形、沙漏形等。方形也被叫做直线形，具有简洁、明快、端庄、干练、严谨的美感，还可以产生长短、宽窄和细节方面的变化。梯形分为正梯形和倒梯形，正梯形如同A字母形、正三角形，是一种上窄下宽的外形，强调下部的宽大，具有一种稳定性，可以塑造服装下部的飘逸感、旋律感，斗篷、披风等就属于此类服装。倒梯形也就是V字母形，是上宽下窄的造型，服装

图5-3
椭圆形、三角形和长方形服装

图5-4
箱形、帐篷形和计时器形服装

外形具有夸张感和不稳定感，可以形成上松下紧的动感。如图5-3所示分别为椭圆形、三角形和长方形服装。

3. 借鉴形

常见的借鉴形主要有：钟形、气球形、流线形、箱形等。

服装的外形轮廓特别具有表现力，它决定了服装的整体风格，服装的外形越夸张，服装就越有重量感、设计感。服装的外形轮廓给人对于服装的第一印象，也记录了服装的历史变化。如图5-4所示分别为箱形、帐篷形和计时器形服装。

在进行服装设计的时候，也要通过先确定服装的外轮廓形来确定服装的整体风格和气质，在设计的时候，要根据人体的三围来确定服装的长度和宽松度，并以此来获得服装的外形。在服装外形设计的时候，也会有各种变化形式，也就是同一外形的组合、变异、重构；或者多种外形的组合应用。多种形式的变化，就会产生丰富的服装外形变化以及创意造型的设计。如图5-5所示分别为T字母与箱形组合、O字母与箱形组合以及贴身形与A字母组合外形服装。

图5-5
T字母与箱形组合、O字母与箱形组合以及贴身体与A字母组合外形服装

第二节　服装局部款式构成艺术表现

在服装外形设计的基础上，还需要针对服装细节进行设计，主要有：领子、袖子、门襟、衣袋以及各种装饰物等。服装的外形与局部构成，共同构成整体服装的造型，使服装具有更加丰富的变化。在对服装的局部款式进行设计和表现的时候，应该对其造型和结构有最基本的认识和了解，这样才能表现得更加符合实际，也能够为裁剪师提供合理的依据。

一、衣领的表现

领子的形状，在外形上具有表现服装风格的作用，是服装的重要组成部分。领子概括讲有无领、翻领、翻驳领和立领四种，又有开门领和关门领两种表现形式。领子的结构有：领线、领座和翻领。无领：也被叫做秃领，能够充分显露人物颈部美感。翻领：又分大翻领、小翻领、平翻领、立翻领、关门翻领、开门翻领等。翻领具有功能上的多样性变化，能够塑造多种造型美感，能够表现青春浪漫，也能够表现成熟帅气、优雅性感。立领：是始终处于直立状态下的领形，给人简洁明快、干脆、果断又严谨、端庄的感觉，具有拉长颈部的错视效果。如图5-6所示为各种领子的造型。

衣领是服装整体造型中，视线的重要集中点，能够修饰人物的脸部和颈部，具有大小、宽窄、深浅、有无、长短等各种变化美感。在设计衣领的时候，要与整体服装的风格相协调，要符合着装的人物身份和特色，还要注意色彩、面料材质、工艺结构等方面的设计。

图5-6
衬衫领、圆领、高领、西服领、立领和波浪领的造型

图5-7
蝙蝠袖、七分袖、外翻袖、泡泡袖、宽口袖和无袖的造型表现

二、衣袖的表现

衣袖主要用来塑造胳膊、手臂的结构造型，可以与服装组合在一起，也可以具有独立的造型功能和审美意义，是构成服装整体的组成部分，是服装风格的体现。衣袖有长短之分，按照长短分类有：长袖、中袖、半袖、短袖、无袖、盖袖（盖过肩头）；按照结构分类有：无袖、连袖、装袖、插肩袖、落肩袖、蝙蝠袖、泡泡袖、灯笼袖、马蹄袖、喇叭袖等；按照袖片分类有：一片袖、两片袖、三片袖、多片袖。如图5-7所示分别为蝙蝠袖、七分袖、外翻袖、泡泡袖、宽口袖和无袖的造型表现。

衣袖也是服装造型设计中可以进行丰富变化的部分，它可以修饰和改变手臂的自然形态，可以产生装饰性的变化，形成各种情趣性的审美感受，比如：泡泡袖适合年轻女性，体现女性的青春和浪漫；喇叭袖宽松肥大、夸张飘逸，适合野性动感的女性；蝙蝠袖宽松、舒适感强，给人解脱、释放和放松的感受；无袖更多地体现人物手臂的自然造型，显得简洁明快。

三、衣袋的表现

衣袋可以分为：贴袋、挖袋、插袋等，衣袋的位置也是设计中可以产生多种变化的设计点，例如：腰部、胸部、臀部、下摆。衣袋还有袋盖、袋牙、转角、各种装饰线、纽扣、扣眼、拉链的变化。衣袋的每一个部位都可以进行各种装饰性的设计，衣袋具有装饰美感，同时也具有实用性，是服装设计中可以重点进行创意设计的部位。如图5-8所示分别为衣袋的表现。

四、服装细节表现

服装细节是指服装的各种装饰造型部分，比如：腰带、褶皱、垂饰品、花边、蝴蝶结、流苏、贴饰品、拉链、镂空、拼接、开衩、约克、袖克夫等。服装细节的表现，是服装设计的亮点，设计师通过镶嵌、面料再造、拼接等各种手段体现自己的设计修养和美感体验。服装细节的设计，常会有画龙点睛的作用。

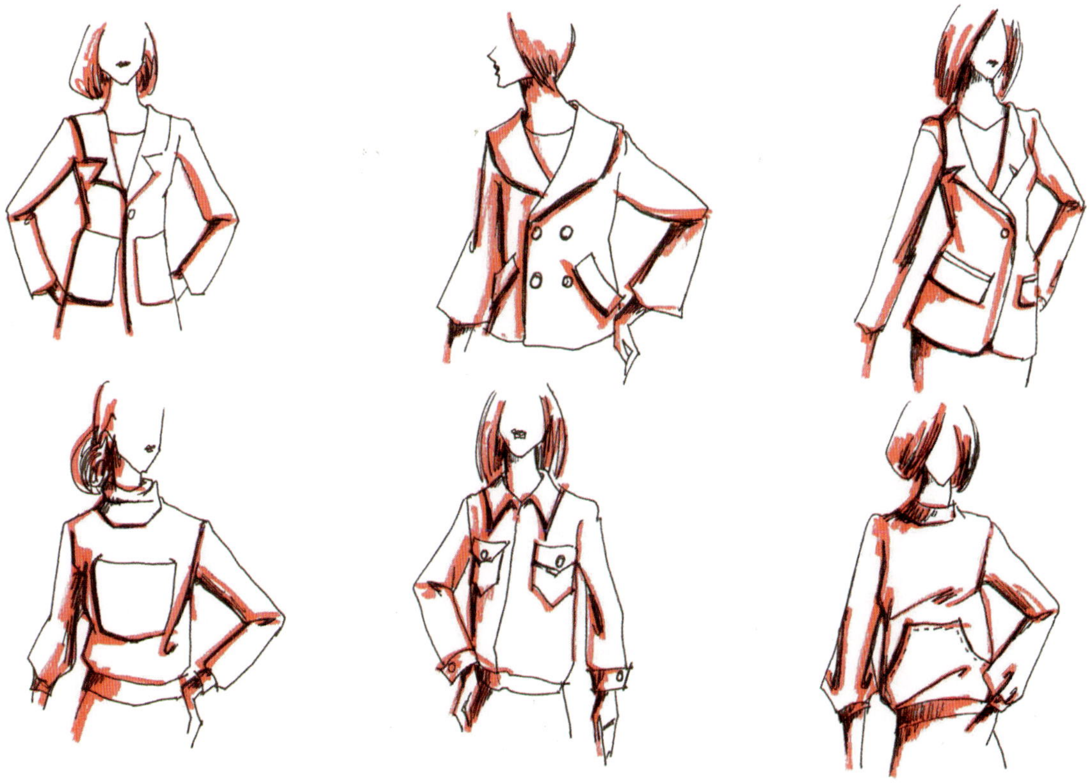

图5-8　衣袋的表现

1. 腰带

腰带是对腰部进行装饰造型的表现手段。腰带同时具有实用性和装饰性，能够收束腰部、显露女性腰部的美感，能够形成腰臀之间的对比，用不同材料、图案、色彩进行搭配，可以形成不同风格的腰带。腰带具有两种主要表现形式：一种是指独立存在的腰带，束紧裤子、裙子等服装的功能是首位的，其次具有装饰性的功能；另一种是指以装饰性为主的腰带，主要功能是用来点缀裤子、裙子、服装等，是服装整体装饰的重要组成部分。如图5-9所示为几种腰带的造型。

2. 贴饰

贴饰是将珠片、亮钻、羽毛、裁片等贴缀在服装上的手段，可以是机器缝在衣服上，也可以是手工缝纫在衣服上。贴饰的设计要与服装的整体设计风格相互统一，比如：珠绣、亮钻、亮片等，比较适用于晚礼服；质感、颜色粗犷的面料贴饰比较适合民族服装、休闲服装等。

3. 蝴蝶结

常用于肩部、胸部、背部、头部、腰部等各种需要装饰的部位。可以独立使用，也可以配合其他装饰品来使用，具有飘逸灵动或雅致灵巧之感，是视线的焦点。如图5-10所示为各种蝴蝶结的设计。

4. 褶皱等细节

服装会因为人体的姿态变化，或者面料质地的原因，而形成各种褶皱，这也是服装设计中的一种设计元素。常见的褶皱形式有：生理褶皱、质感褶皱和结构褶皱等。如图5-11所示为腰饰、肩饰、褶皱等服装细节的表现。

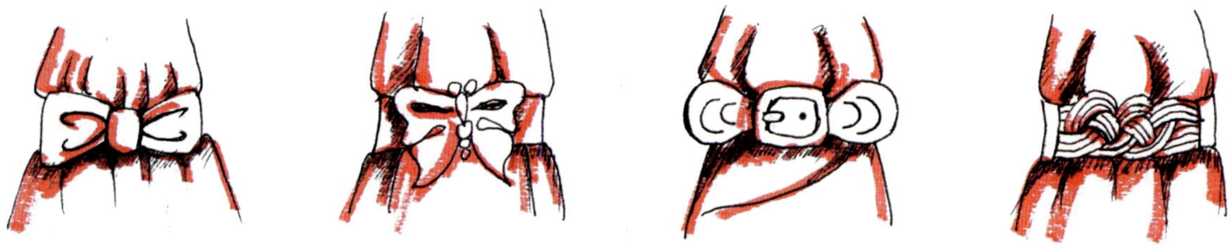

图5-9 腰带的造型

图5-10 各种蝴蝶结的设计

图5-11　服装细节表现

5. 缩缝

缩缝是通过使用皮筋等具有松紧功能的材料，将服装面料缝成非常细小的各种膨起的褶皱，组成立体的图案，表现形式多种多样，是单一面料经常采用的一种手法。多层收褶，是由间距接近的平行碎褶组成，也可以形成立体的膨起，常用在需要松紧处理的位置。这两种缩缝常用于儿童服装、女装的装饰上。如图5-12所示为缩缝，如图5-13所示为多层收褶。

图5-12　缩缝的表现

图5-13　多层收褶

第三节 服装材质艺术表现

服装材质是服装材料与其表面质地的简称，材质是构成服装最基本的物质基础，也是服装造型设计依赖的媒介，是形象化的或有触觉的织物表面特性。不同类型织物质地的表现，在整体形象设计表现中非常重要。通过对服装不同材质的表现，可以体现不同的美感，给观者对于服装非常直观的感受。对服装材质，尤其是对服装材质的表面肌理特征进行设计，是时装设计师常用的服装创新设计手段。

服装材质的艺术表现，就是通过使用彩色铅笔、马克笔、水彩或者水粉等，表现不同的服装面料质感，比如：丝绸的高反光感、棉布的柔软细腻感、纱质面料的透明感等。

一、透明装的表现

透明型面料质地轻薄而通透，具有优雅而神秘的艺术效果。包括棉、丝、化纤织物等，例如乔其纱、缎条绢、化纤的蕾丝等。为了表达面料的透明度，在绘画的时候，要表现出皮肤的色彩，一般是先画出皮肤的颜色，皮肤的颜色干了之后，在此基础上，再画服装的颜色，暗部要着重刻画，体现出立体感。如图5-14所示为彩色铅笔表现的透明服装，如图5-15所示为马克笔表现的透明服装。

图5-14　彩色铅笔表现的透明服装

图5-15　马克笔表现的透明服装

项目综述

透明的服装材料在服装设计中很常见，可以与软的服装材料搭配，也可以与硬质的服装材料搭配，具有很个性化的表现形式，与人体的肌肤色彩相互搭配，可以体现若隐若现的人体美。

1. 透明面料的形态

透明面料的材质特点是，能够透出底层衣服或者皮肤的色彩，也就是色调会随着服装不同部位的涂画层次而变化，比如：底层颜色深的，透明材质的颜色也要表现得深。在用线条表现的时候，透明硬纱和网眼织物就是比较硬的线条，而雪纺绸面料是比较软的线条。因此，要根据面料的实物，反复多观察和多练习，而在表现的过程中，着色和阴影的表现是首要的，其次是线条的表现。

2. 项目介绍

该项目要求用彩色铅笔或者马克笔等工具，表现透明服装面料效果图作品一幅，主要是体会透明服装面料的艺术表现手法，并体会立体阴影效果在表现效果图时的重要作用。

项目要求

用透明服装面料设计晚礼服一套，要求以中国传统元素为灵感来源，将古典元素和现代元素结合，用彩色铅笔、色粉笔或者马克笔等绘画工具，通过手绘的形式，绘画出效果图，要有主题思想和灵感来源的说明。

项目名称	中国元素创意透明面料晚礼服设计
环境要求	配备桌椅的专业美术教室，有作品展示墙，便于随时展示学生绘画作品和作品讲解之用；有多媒体设备，方便观看图片资料。
材料要求	学生自备彩色铅笔、色粉笔、马克笔、素描纸、画板、铅笔、橡皮等一系列绘画工具。
知识技能要求	具备色彩基础知识、具备色彩和服装造型创意能力、具备基础绘画能力、具备传统中国元素的基本历史知识，能熟练应用各种色彩工具。

操作步骤

1. 项目分析

（1）概念分析 晚礼服是应用在正式晚宴、明星重要活动场合的服装，本项目要求应用中国的传统元素设计晚礼服一套，希望重视传统元素在现代服装设计中的应用。在现代服装设计舞台上，这样的成功设计案例非常多，可以多借鉴和学习。

（2）颜色的选择 为了与现代元素相互融合，在颜色的选择上可以尝试用黑色或者棕色，因为这两种颜色与其他任何色彩都相对容易搭配；或者根据自己的喜好进行色彩的设计。总之，整体设计要符合所选择的主题。

2. 效果图绘画步骤

确定好颜色的设计思路和搭配效果，也可以设计一个小草稿，体会一下色彩搭配效果是否满意。

步骤1：先按照8头半的比例画好人体姿态，然后画上设计好的晚礼服，画皮肤颜色，加上腮红和眼影，画好花纹图案，给不透明的服装着色。注意，要在纸上留出不填色的部位，以此表现光泽很强的感觉，皮肤要画出阴影，给边缘勾画线条。

步骤2：所有的颜色都干了之后，加深暗部，并画出衣服上的花纹颜色，加深暗影部分的边缘线，使整体效果立体感更强。

步骤3：在步骤2的基础上，继续调整画面，加深色彩，画出透明黑纱的颜色，注意画黑纱颜色的时候，不要将皮肤的颜色完全覆盖住，而是要互相衬托。加深重叠褶皱部位的颜色，用马克笔加深黑纱的暗部，注意裙子底摆的刻画。如图5-16所示为步骤图。

图5-16　透明面料表现步骤图

项目小结

1. 主题设计阶段

按照项目要求，首先要定位准确，根据要求准确选择能够表达主题的色彩搭配，可以进行小型草图的搭配试验。

2. 绘制阶段

此阶段充分应用了以往所学的素描写生能力和色彩晕染能力，对于写生基础有一定的要求，要能够体会到发型的立体感效果，并在绘画中用颜色的深浅、高光等体现出来，使造型更逼真和形象。

3. 整理阶段

对整体画面进行整理，对于认为还不够完美的地方进行必要的修饰，或者内容的增加，进一步烘托主体造型。

透明服装面料表现的关键，是能够透出底层服装或者皮肤的颜色，表现的时候要淡淡地晕染，可以反复尝试不同的色彩工具和材料，取得最满意的效果。

二、丝绸质感的表现

丝绸面料的特点是有高反光，适合表现高档礼服。要画出高光与阴影的强烈对比，有些丝绸、锦缎还有各种花纹图案，如果需要画出花纹和图案，要注意图案在亮部和暗部的不同颜色深浅变化。

锦缎是一种华丽、有图案的织物，其原材料是丝绸、人造丝、贵重金属等，其图案是以花纹、涡旋纹样组成，其光泽度很高。如图5-17所示为锦缎的表现，在表现的时候，要注意图案的表现，要在服装的色彩晾干之后再涂上阴影。塔夫绸是一种非常爽快、有光泽感的服装面料，在运动的时候会有沙沙作响的声音，其褶皱都比较尖、比较硬挺，高光和阴影对比强烈，在画的时候注意多留高光，也可以过后用白色来补充高光。如图5-18所示为塔夫绸的表现。

图5-17　锦缎的表现

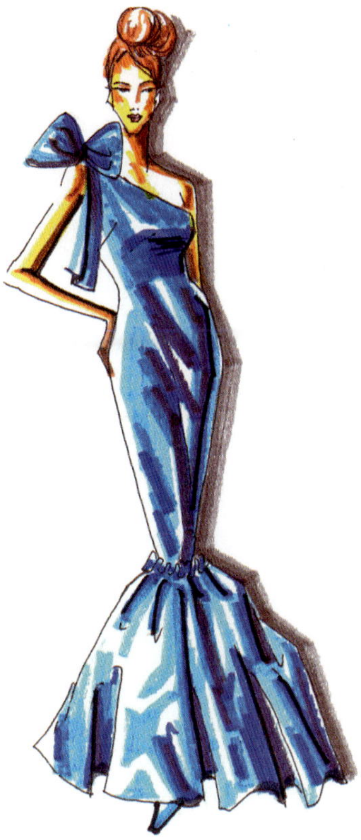

图5-18　塔夫绸的表现

实训项目

项目综述

丝绸服装面料的主要特点是手感滑爽、光泽度高，高光强烈，绸缎有柔软的、有硬挺的，例如硬挺的塔夫绸，其褶皱都呈尖角形状，高光和阴影的对比都比较强烈。

1. 透明面料的形态

丝绸面料的材质特点是光泽度高，适合应用在高档服装设计中，可以与羽毛、金属亮片以及各种质地面料搭配。丝绸面料又有锦缎、塔夫绸、缎子等不同面料，可以根据面料的实物，反复多观察和多练习，在表现的过程中，高光和阴影的表现是首要的，并且两者的对比是非常强烈的，其次是线条的表现。

2. 项目介绍

该项目要求用彩色铅笔或者马克笔等工具，表现丝绸服装面料效果图作品一幅，主要是体会丝绸服装面料的艺术表现手法，并体会立体阴影效果在表现效果图时的重要作用。

项目要求

用丝绸服装面料设计晚礼服一套，要求以中国传统元素为灵感来源，将中国古典元素和现代元素结合，用彩色铅笔、色粉笔或者马克笔等绘画工具，通过手绘的形式，绘画出效果图，要有主题思想和灵感来源的说明。

项目名称	创意丝绸面料晚礼服设计
环境要求	配备桌椅的专业美术教室，有作品展示墙，便于随时展示学生绘画作品和作品讲解之用；有多媒体设备，方便观看图片资料。
材料要求	学生自备彩色铅笔、色粉笔、马克笔、素描纸、画板、铅笔、橡皮等一系列绘画工具。
知识技能要求	具备色彩基础知识、色彩和服装造型创意能力、基础绘画能力、中国传统元素的基本历史知识，能熟练应用各种色彩工具。

操作步骤

1. 项目分析

（1）概念分析 晚礼服是应用在正式晚宴、明星重要活动场合的服装，本项目要求应用中国传统元素设计丝绸质地的晚礼服一套，希望重视传统元素在现代服装设计、整体人物形象设计中的应用。可以借鉴和学习“东北虎”等服装品牌对中国传统元素在服装设计中的应用。

（2）颜色的选择 可以根据实际的丝绸面料颜色进行色彩的选择，可以是单一面料，也可以是丝绸与其他面料搭配设计。总之，根据设计主题的要求，打开思路进行大胆的创意设计。

2. 效果图绘画步骤

确定好颜色的设计思路和搭配效果，也可以设计一个小草稿，体会一下色彩搭配效果是否满意。

步骤1：先按照8头半的比例画好人体姿态，然后画上设计好的晚礼服，画上皮肤颜色，加上腮红和眼影，画好花纹图案，在裙子上画出基础颜色，受光部分要留出高光的位置。

步骤2：所有的颜色都干了之后，加深暗部，并继续细致刻画衣服上的花纹颜色，加深暗影部分的边缘线，使整体效果立体感更强。

步骤3：在步骤2的基础上，继续调整画面，加深褶皱部分的色彩，留好高光，如果高光没有留出，可以用白色的铅笔再进行刻画，在暗影的部分还可以少量画些高光，最后用黑色的马克笔刻画边缘线条。如图5-19所示为丝绸面料晚礼服表现步骤图。

图5-19 丝绸面料晚礼服表现步骤图

项目小结

1. 主题设计阶段

按照项目要求，首先要定位准确，根据要求准确选择能够表达主题的色彩搭配，可以进行小型草图的搭配试验。

2. 绘制阶段

此阶段充分应用了以往所学的素描写生能力和色彩晕染能力，对于写生基础有一定的要求，要能够体会服装的立体效果，并在绘画中用颜色的深浅、高光等体现出来，使造型更逼真和形象。

3. 整理阶段

对整体画面进行整理，对于还不够完美的地方进行必要的修饰，或者内容的增加，进一步烘托主体造型。

光泽型面料表面光滑并能反射出亮光，有熠熠生辉之感。这类面料包括缎纹结构的织物，最常用于夜礼服或舞台表演服中，产生一种华丽耀眼的强烈视觉效果。光泽型面料在礼服的表演中造型自由度很广，可以是简洁的设计或较为夸张的造型方式。如图5-20所示为缎子的表现。

（a）　（b）

图5-20　缎子的表现

三、毛衣质感的表现

质地厚重的毛衣面料，可以用彩色铅笔来表现，画的时候可以表现出毛衣的厚重花纹图案，以此表现毛衣的粗糙厚重感，注意一定不要画出飘逸的感觉。厚重型面料厚实挺括，能产生稳定的造型效果，包括各类厚型呢绒、牛仔面料和绗缝织物。其面料具有形体扩张感，不宜过多采用褶皱和堆积，设计中以A型和H型造型最为恰当。

毛衣等编织物柔软有弹性，纹路清晰，有的会有明显的网眼，其表现手法可以用马克笔、彩色铅笔、油画棒与水粉结合等，使用的绘画工具不同，表现效果也各有不同，比如，油画棒与水粉结合比较适合表现具有粗犷风格的毛织物。如图5-21所示为毛衣的表现。

图5-21 毛衣表现效果

图5-22 凹缝效果

图5-23 对角凹缝效果

四、凹缝质感的表现

凹缝是用坚固的针法在夹有柔软的棉花、羽绒等双层面料上缝制的效果，针迹可以是直线、交叉线或者曲线、装饰线等，由于棉花、羽绒等面料的柔软特点，在缝线处会形成碎褶，沿着缝纫线要画出不规则的皱纹，并且在边缘处是圆润的弧形，如图5-22所示为羽绒服的凹缝表现。

对角凹缝广泛用于睡衣、外衣、夹克式外衣等，可以结合复杂的图案纹样，在表现的时候，要先设计光源的来向，画出立体阴影效果，可以表现出棉质衬垫膨起的效果。如图5-23所示为对角凹缝的表现效果。

五、皮毛质感的表现

皮毛分为柔软和硬挺的两大类。柔软的皮毛下垂感强，尤其是毛比较长的服装；相对硬挺的皮毛长度比较短，支棱、挺括的效果相对较明显。表现的时候关键是要明确每一种皮毛的质感特点，并强调阴影立体效果。如图5-24所示为毛比较长的质感表现，如图5-25所示为猞猁皮和黑貂皮的质感表现。

图5-24　长毛皮表现

图5-25　猞猁皮和黑貂皮的质感表现

六、棉布和格子呢质感的表现

棉布和格子呢的质感特点都是没有明显的光泽感，也就是没有明显的阴影和高光，只能画成平面的效果，为了尽量表现相对立体的感觉，可以在衣服的边缘处留高光，并在暗部画出阴影。如图5-26所示为棉布和格子呢的表现效果。

七、牛仔面料的表现

牛仔面料有棉质的、混纺的，牛仔面料依据材质的不同，有不同的特点，但是大多数具有粗犷豪放、坚固、夸张的外观，但也不乏细腻、柔软、多彩、精致的效果，并且受到服装流行面料的影响，也呈现多样化，比如弹力、格子、提花、混搭、凹凸条纹、彩色面料等。在表现牛仔面料的时候，为了体现坚硬的感觉，可以用油画

图5-26　棉布和格子呢的表现效果

棒与水粉色搭配，也可以用彩色铅笔表现逼真的画面效果。如图5-27所示为牛仔面料表现效果。

八、图案的表现

图案以构图整齐、匀称、调和为特点，多用在纺织品、工艺美术品和建筑物上。图案在服装上的应用和表现形式非常丰富，图案的分类也很详细，按图案的结构主要分类有：二方连续、四方连续、适合纹样、单独纹样、角隅纹样等，而每一种纹样都有其独特的表现特点和应用特点。比如：二方连续图案比较适合应用在服装的边缘，四方连续图案适合大面积的应用等。因此，在表现的时候，应该对图案的知识有个初步的了解。如图5-28所示为二方连续纹样和适合纹样的表现。如图5-29所示为几何图案纹样。

图案造型是依据形象所具有的自身规律、符合人类审美的需求、运用图像符号进行的艺术创作。构成图案造型的基本要

（a）　（b）

图5-27　牛仔面料表现效果

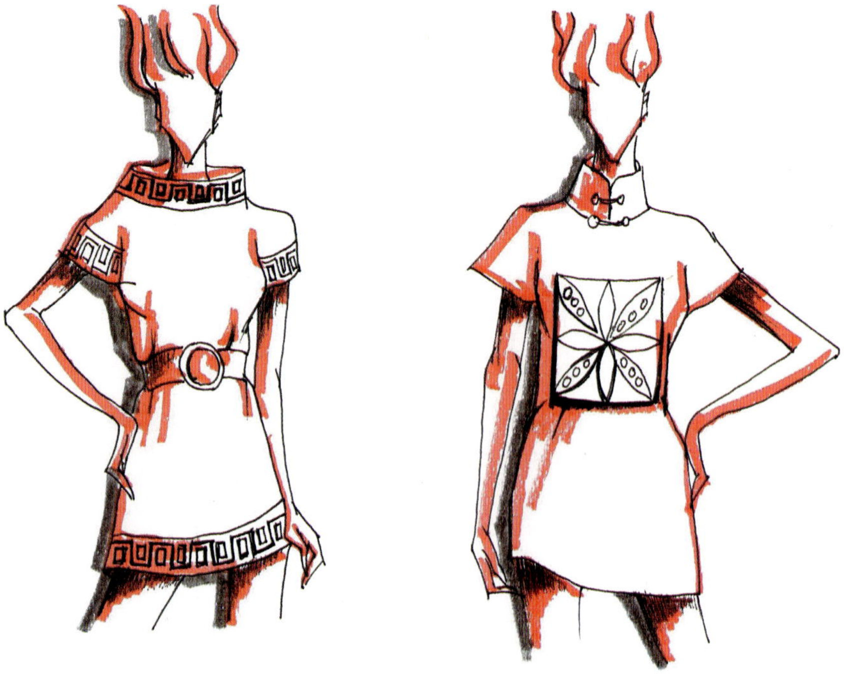

图5-28　二方连续、适合纹样的表现

图5-29　几何图案纹样

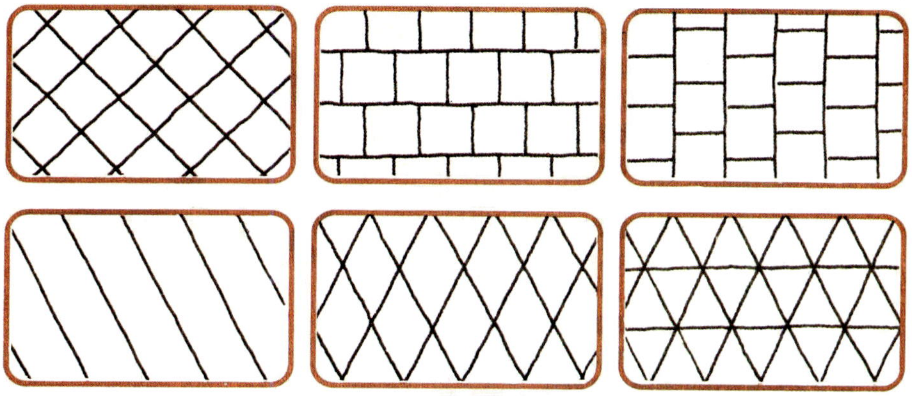

图5-30　图案的骨骼结构

素是点、线、面，在设计图案的时候，根据点、线、面以及色彩的视觉心理，运用对比与统一、对称与平衡、节奏与韵律、条理与重复、比例与权衡等形式美的原则，结合材料、工艺、技术及功能等方面进行总体设计，这是图案造型的基本方法。在服装上绘画图案，应该先掌握其排列方式和特点，比如：平行图案、四方格子图案、斜线格子图案、曲线图案等，也就是图案都有一个基本的骨架结构。如图5-30所示为各种图案的骨骼结构。

竖条纹一般是大面积出现，可以先在服装的躯干中心画一条竖线作为基准线，然后向两侧扩展，如图5-31所示为竖条纹表现。大面积的花卉纹可以使用在连衣裙上，可以用斜方格的交叉来表现骨骼结构，如图5-32所示为四方连续花卉纹。

图5-31　竖条纹表现

图5-32　四方连续花卉纹

图5-33　几何纹的表现

图5-34　横条纹、方格纹、苏格兰方格纹表现

几何纹的表现可以用横向、斜向的骨骼表现，先画浅色再画深色，然后再画出阴影立体效果，注意图案的形状会随着身体曲线的变化而改变，几何纹样应用的服装造型也比较丰富。如图5-33所示为几何纹的表现。

横条纹一般应用在棉质的服装上，可以先画好基准线，然后根据身体的姿态变化、阴影部位等调节颜色的深浅。方格纹有大小之分，画的时候要注意交错处的颜色变化以及阴影处颜色和形状的变化。苏格兰方格纹常用在衬衫上，可以仔细按照比例绘制骨骼，根据姿态的变化调整外形和衣纹，注意保持间距的一致，如图5-34所示为横条纹、方格纹和苏格兰方格纹。

泡泡纱是一种带有褶皱效果的面料，一般应用在女性夏季服装上。人字格纹是一种织物的编织方式，样式比较像人字形状，因此得名，是一种主要的纺织图案，也被叫做鱼

图5-35　泡泡纱和人字格纹效果

骨纹、箭头纹、羽毛纹，一般织物比较厚重，适合应用在呢子面料上，画之前可以先在草稿纸上多练习，最好先画出基准线，以保证线条粗细和间距的一致性。如图5-35所示为泡泡纱和人字格纹效果。

犬齿纹也是从织物的编织纹样中派生出来的，由于形状如同犬齿而得名，也称千鸟纹，是斜向织物，格子的尺寸可大可小，画的时候注意格子要随着身体动态变化而变化。窗格纹是在方格纹的基础上产生的，其间距较宽，线条较细，是古典花纹的一种，多半是单色无花用色线搭配，多用于毛织物上。如图5-36所示为犬齿纹和窗格纹。

图5-36
犬齿纹和窗格纹

九、鸽眼刺绣的表现

刺绣是用针线在织物上绣制各种装饰图案的一种工艺手段，就是用针将丝线或其他纤维、纱线按照预先设计好的图案和色彩在面料上穿刺，以缝纫的线迹构成花纹的装饰织物。它是用针和线把设计或者制作好的材料添加在面料上的一种艺术形式。

鸽眼刺绣是刺绣的一种，是用穿孔的方式进行镂空的刺绣，面料的边缘一般呈扇形，其基本排列和纹样会有多种变化。如图5-37所示为鸽眼刺绣的表现。

（a）（b）

图5-37 鸽眼刺绣的表现

总结归纳

在本章中，我们重点学习了服装外形的艺术表现方法、服装局部的艺术表现方法，掌握了服装的透明材质艺术表现方法、服装丝绸质感、毛衣质感的艺术表现方法。这些内容都是在整体人物形象艺术表现的时候，必须掌握的绘画表现语言，需要在课上和课后反复、大量手绘训练，才能达到得心应手的程度。在本章内容的学习中，要注意多看多画，多体会服装设计师的效果图绘画风格以及各种绘画工具的表现技巧，最终才能够达到令人满意的学习效果。

思考与练习

1．服装外形艺术表现形式都有哪些?
2．服装局部细节表现有哪些?
3．服装局部细节的艺术表现方法有哪些?
4．不同的服装图案能够体现怎样的表现效果?
5．每一种服装图案的特点是什么?

实训课堂

1．完成一幅用彩色铅笔表现毛衣质感的服装效果图。
2．完成一幅用马克笔表现丝绸质感的服装效果图。
3．完成一幅用马克笔表现透明质感的服装效果图。
4．完成一幅用马克笔在服装中表现图案的应用效果图。
5．完成一幅用马克笔表现牛仔服装的效果图。

Chapter VI

第六章 主题设计艺术表现技法

教学目的

- 掌握材料与素材的艺术表现方法；
- 掌握联想和想象主题的艺术表现方法；
- 掌握时尚主题艺术表现方法；
- 掌握创意晚宴主题的艺术表现方法。

重点难点

1. 材料与素材的选择和表现。
2. 联想和想象主题的艺术表现。
3. 时尚主题的艺术表现方法。
4. 创意晚宴主题的艺术表现方法。

教学内容

本章内容主要是讲解材料与素材的选择和表现、联想与想象主题的选择和表现、时尚主题的方案设计和表现、创意晚宴主题的方案设计和表现，通过这些主题的选择和表现，尽量涵盖比较多的主题元素，通过各种主题元素训练进行整体人物形象设计。通过本章内容的学习，基本将比较重要或者有代表性的主题都进行了训练，并希望学习者能够结合化妆、发型、服装服饰设计等实训课程，比较全面地体会整体人物形象设计的概念。

第一节　材料与素材的艺术表现

在整体人物形象设计艺术表现中，材料与素材的选择是第一步，而材料与素材的选择是根据创作的需要而确定的，并且要结合社会现状、文化发展、经济发展等，体现对社会的关注或者对历史文化的推广意义。

一、材料与素材的选择

材料与素材的选择要关注题材、情感、想象、灵感、色调等主导因素。选择范围是非常广泛的，比如：自然素材、花卉素材、天气素材、水果蔬菜素材、历史素材、神话传说素材、动物植物素材、仿生素材、古典元素素材等，只要是在造型设计中存在的，无论是自然生活中的、想象中的、具象的、抽象的，都可以作为其内容进行设计，进行艺术性的再造和想象，而这些素材和主题之间，也可以进行互补或搭配。

在进行材料与素材选择的时候，要注意以下几点：

（1）对于材料和素材的选择，要根据主题需要，从个人喜好的角度出发，这样可以大大激发设计和表现的激情，具备深刻的认识和理解，有真切的体会和感受，有多角度广泛查阅资料的热情和对造型的深刻认识度。

（2）对素材进行再创造的时候，要尝试多种表现手法，并从中选择最合适的表现手法，再创造包括：变异性创造、繁衍式设计、创意性表现等。

（3）要根据选择好的材料和素材，进行妆面、发型、服装以及服饰品等整体人物形象综合设计，各个要素之间要相互协调并呼应，避免割裂的表现。

（4）在进行表现的时候，也要关注相应的环境和氛围设计，也就是该造型适合应用的场合。

（5）整体人物艺术表现要有特色、有创新，能够突出表现设计者的独特之处。

二、材料与素材的艺术表现方法

在整体人物形象设计中，一般先通过手绘效果图的形式，来表现整体形象设计的色彩关系和造型设计，然后反复推敲色彩搭配的效果和整体设计，表现工具多应用彩色铅笔、水粉、水彩、色粉笔等，或者各种材料的综合应用。通过此种方式，可以锻炼对整体人物形象的设计能力，并最终将设计成果应用在实际人物形象设计中。

1. 休闲风格人物整体造型表现

休闲风格一般体现轻松、愉悦、不受太多束缚的状态，要求服装宽松自在、妆面清新自然、发型随意轻松。如图6-1所示为夏季休闲风格的整体人物形象设计，在色彩的搭配上，主要应用白色和蓝色的搭配，显得清爽干净、青春阳光，有年轻人的朝气和活力。款式设计也比较时尚，发型的色彩应用体现了年轻人的另类时尚。整体画面表现手法娴熟，整体设计也符合夏季休闲主题。

2. 新娘整体造型表现

新娘造型，根据需求情况的不同要求，分为婚礼新娘造型和演示新娘造型，婚礼新娘造型也有不同类型，如：古典新娘造型、中式新娘造型、西式新娘造型、休闲新娘造型等；演示新娘造型，主要用于表演或者比赛，造型相对更加体现造型师的个性。新娘妆面要求体现新娘的甜美、纯净、喜庆、端庄等特点，妆色相对淡雅，新娘发型一般是盘发，或者根据新娘个性特点来设计。

如图6-2所示为新娘整体形象造型设计，在此作品中，打破了以往新娘整体形象以白色为主的色彩设计，而主要应用粉色系，头纱、泡泡袖、裙摆，都是设计的亮点，使该作品显得比较独特。

图6-1　休闲风格人物整体造型

图6-2　新娘整体造型

3. 花卉素材的表现

花卉素材是人物造型设计中常用的题材，花的形态、色彩、层次、花与叶片的搭配关系等，都可以成为设计的素材，在表现的时候，重点要表现出花的烂漫、生机勃勃、芬芳吐露、让人赏心悦目等感受，根据不同的花卉素材，表现形式可以绚烂，也可以雅致，关键在于设计师的表现设计意图。

如图6-3所示为以花卉为主题进行的整体人物形象设计，色彩的搭配基本选取自然界中的花卉颜色直接应用：后背的服装造型采用黄色，并在外形上做成花朵造型；身体部分的服装用绿色，形象成根茎。设计者也可以依据大自然的色彩，创新性地进行色彩的自由设计和搭配。

花卉可以体现在人物的妆面上，也可以体现在发型中，还可以应用在服装的设计上，主题风格可以清新、浪漫、狂野、性感、夸张等，总之，表现风格非常丰富多彩。在造型设计的时候，可以把真花直接用在造型上，也可以用绘画、立体构成或者平面构成的形式体现。总之，在造型的时候，应该体现花卉生动流畅的姿态，表现出形式美感。如图6-4所示为花卉主题的妆面造型，如图6-5所示为花卉主题的服装造型。

图6-3 花卉主题创意设计

图6-4　花卉主题的妆面造型

图6-5　花卉主题的服装造型

（a）

（b）

图6-6
以植物为素材的
整体人物造型

4. 植物素材的表现

植物的分类很多，其色彩、形态、叶片和根茎形成的空间层次以及植物形成的果实等，都可以成为造型设计的素材，也可以引起人的丰富联想和想象，是造型设计中常用的素材，同花卉素材一样，植物的应用可以用绘画在人物面部的形式，也可以将植物直接应用在妆面、发型或者服装上。如图6-6所示为以植物为素材的整体人物造型设计，图（b）中是将荷叶形状的植物以及果实直接应用在发型上的设计。

5. 拉美风格表现

拉丁美洲的风格是奔放、热烈、热情、狂野、标新立异、前卫时尚等，在服饰品的表现上，可以是大而夸张的耳环、粗重的项链、不规则的兽皮、粗犷的木饰品，或者直接将自然中的物品应用在服装服饰上。如图6-7所示为拉美风格的整体人物造型设计和人物面部造型设计，效果图中人物的服装采用了兽皮、木头、羽毛等饰品，突出了整体人物造型狂野、粗犷的风格。

6. 动物植物结合素材表现

动物植物结合素材比较新颖独特，在表现的时候，注意应该将某一个内容作为主体来表现，而另外一个内容作为辅助内容来表现，也就是要有主有次地进行表现，避免两者过于均衡。在表现的时候，应该注意不同材料的应用，可以是柔软的与坚硬的搭配、靓丽与素雅的搭配。如图6-8所示为动物植物结合素材表现，其发型设计中运用了柔软的羽毛，而在服装上应用了坚硬的硬钻。

动物题材的选择非常丰富，如图6-9所示为以豹子纹样为主题的妆面设计，该作品重点应用了豹子的斑纹为灵感来源，将豹子的斑纹应用在眼影的设计上，色彩上有深浅变化，整体设计立体感强烈，野性十足，具有独特的设计风格。

如图6-10所示为以孔雀为灵感来源的妆面设计，在该作品中，重点应用了孔雀羽毛的颜色、羽毛的曲线造型等，在真实的人物化妆设计中，可以将真实的孔雀羽毛直接贴在人物的面部，也可以是手绘羽毛的形式表现。

(a)

(b)

图6-7　拉美风格的整体人物造型表现

（a）

（b）

图6-8　动物植物结合素材表现

图6-9　豹子纹样主题妆面设计

图6-10　孔雀主题妆面设计

7. 中国古典元素的表现

在中国的传统文化中，有很多题材可以作为艺术设计的灵感来源，如图6-11所示为应用中国古代的青花瓷图案和颜色而设计的整体人物形象，该造型既体现了中国传统的文化特色，也应用了现代元素中的时尚亮点。

青花瓷素材在人物形象设计中的应用，其形式可以非常多样化，可以与中国传统风格的服装、西式的晚礼服、创意服装等各类风格结合；在妆面的应用上，可以将青花瓷器上的各种花草图案直接画在人物的面部。各种风格的应用，均可以体现不同的特色。如图6-12所示为青花瓷素材的服装设计，如图6-13所示为青花瓷素材的妆面设计。

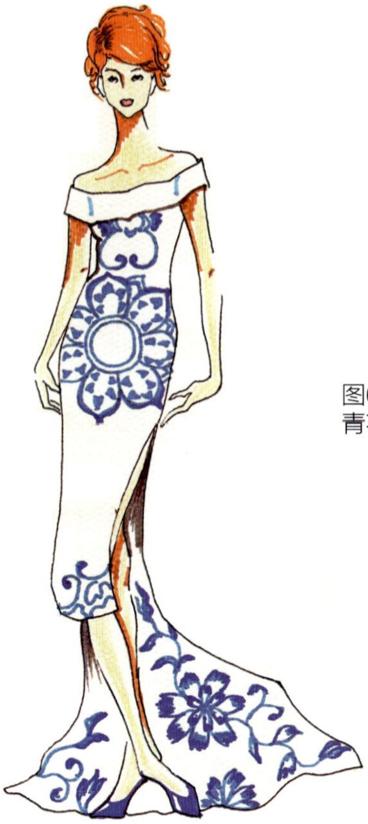

图6-11
青花瓷主题创意设计

图6-12
青花瓷素材的
服装设计

图6-13　青花瓷素材的妆面设计

中国传统古典元素的素材可选择内容非常多：亭台楼榭的造型、美丽的传统纹样、各种风格的传统建筑、漂亮的雕塑造型、不同历史时期的服装服饰造型等，关键在于设计师要热爱中国古典元素，并强烈地想表达这种情感。如图6-14所示为以中国传统元素中的祥云图案素材而设计的人物整体造型。

旗袍本来是清代满族人穿着的服装，经过上百年的演变，最终演进成了现在女子穿用的一种裙装的代名词，从中可以体现当年满族人的服装风采，也融入了很多现代的元素，因此，旗袍造型，也是现在造型舞台上常用的元素，该元素可以应用在设计中的亮点主要有：盘扣、二方连续边缘造型、旗袍的立领、旗袍的各种袖型、旗袍的花纹等。经过现代设计师的演绎，旗袍造型已经变化得非常另类，比如与西方晚礼服的结合、与现代创意造型的结合等。如图6-15所示为整体人物造型中对传统旗袍元素的表现。

中国传统文化博大精深，让人叹为观止，2008年北京奥运会的火炬设计、礼仪服装设计、各类标识设计中，都应用了很多中国传统元素，这是一次向世界展示中国传统元素的盛宴。祥云图案在2008年北京奥运会的应用很有特点，祥云图案最早出现在周代中晚期的楚地，到了秦汉时期，已经形成了一种蔓延的风气，与各种其他造型的结合，使祥云图案的变化更加丰富多彩、神奇美妙、令人浮想联翩，是大自然素材在现实中完美应用的体现，展示了中国古代设计师非凡的

（a）　　（b）

图6-14　中国传统元素表现

（a）　　（b）

图6-15　传统旗袍元素表现

想象力和创造力。如图6-16和图6-17所示为整体人物造型设计中对传统祥云元素的表现。

中国不同时代的服装造型，都有各自的特点，但基本造型主要分为两类：上衣下裳分开、上衣和下裳连在一起的深衣。其主要特点有：交领右衽、宽袍大袖、腰带、二方连续装饰边等，不同朝代又有不同的特点。总之，中国古代的服装服饰造型，是整体人物形象设计的重要素材之一。如图6-18和图6-19所示为以中国古代服装服饰为元素的造型设计。

中国传统服饰品元素中，也有很多可以进行创意的元素：古人的头饰、配饰品、古代帝王的王冠、中国古代女子的发饰品等，在进行创意设计的时候，不要固守于将传统元素

（a）

（b）

图6-16　传统祥云元素表现1

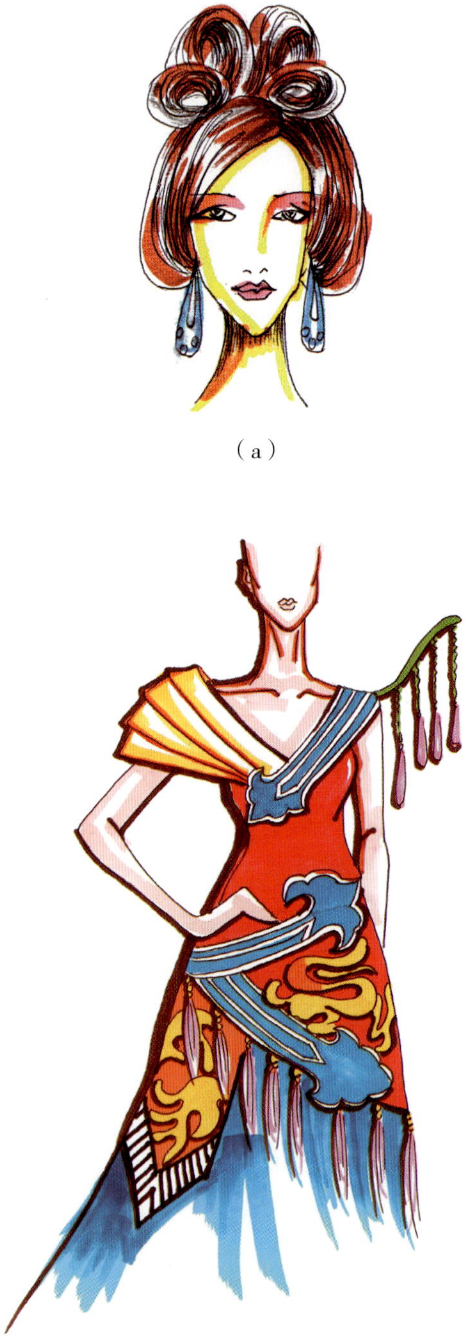

（a）

（b）

图6-17　传统祥云元素表现2

（a）

（b）

图6-18　中国传统服装元素表现1

（a）

（b）

图6-19　中国传统服装元素表现2

生搬硬套在现代的造型上，应该是进行变化之后与现代元素结合应用。如图6-20所示为以中国传统头饰品为元素的造型设计。

8. 中国戏曲素材的表现

中国戏曲的曲种分类很多：京剧、昆曲、越剧、川剧、秦腔，每一个剧种都是融合了服装、文学、美术、音乐、舞蹈等众多元素的综合表演形式。而京剧造型在服装、脸谱、服饰品方面都非常有特色，是整体人物造型重要的设计元素。如图6-21所示为以京剧元素为灵感来源的人物造型设计。如图6-22所示为将京剧元素进行创意性的艺术表现。

（a）

（b）

图6-20
中国传统头饰品
元素表现

（a）

（b）

图6-21　以京剧元素为灵感来源的人物造型设计

（a）

（b）

图6-22
京剧元素创意表现

9. 蝴蝶素材的表现

自然界的蝴蝶种类众多、色彩斑斓、千姿百态，以蝴蝶为主题的话剧、文学艺术作品也很多，可以引起人们对大自然、对美好浪漫事物的无限向往，蝴蝶的斑纹、色彩都可以应用在人物造型设计中，蝴蝶的外形可以变异性地应用在化妆、发型和服装服饰上，表现的时候，可以是写实的，也可以是写意的，重点是要表达一种轻盈灵动、翩翩起舞的优雅美感。如图6-23所示为以蝴蝶为元素的创意设计表现。如图6-24所示为蝴蝶元素的装饰性表现，该作品非常具有创意性和装饰美感。

（a）

（b）

图6-23　以蝴蝶为元素的创意设计表现

（a）

（b）

图6-24　以蝴蝶为元素的装饰性表现

第二节　联想和想象艺术表现

一、联想和想象主题的选择

联想和想象都是人类的一种重要心理活动，有了它们，我们才可以在各个领域展开丰富的设计空间，设计出丰富的艺术作品。通过对设计元素的理解、感知和体验，设计者可以进行独特的创意和设计，将各种元素组合在一起，用虚构的方式将各种记忆唤起。

二、联想和想象主题的艺术表现方法

联想和想象主题在表现的时候，可以进行局部的创意，也可以进行整体的创意，关键在于主题要明确，首先要确定主题，然后对主题进行分析，尝试绘画出各种风格的草图，确立了创意主题，最后再进行技法表现。

1. 优雅时尚主题的联想和想象

优雅时尚是典型的女性形容词，代表女性成熟、有韵味的美感，给人神秘、耀眼夺目、富有情趣性、华丽时髦等感受。在表现这个主题的时候，服装可以采用礼服造型，化妆和发型要与服装搭配，体现成熟女性的韵味。如图6-25作品中的发型比较夸张，服装设计有西方晚礼服的特色，表现手法放松而粗犷。如图6-26所示为优雅唯美风格的人物造型设计作品，该作品通过繁多的花朵为背景图案，充分体现时尚女性的优雅和唯美。

图6-25
优雅时尚元素的表现

（a）

（b）

图6-26
优雅唯美风格的人物造型设计

（a）

（b）

图6-27
古典浪漫元素的表现

2. 古典浪漫主题的联想和想象

对古典浪漫元素的应用，要求在造型中既体现古典元素，又体现造型的浪漫气质，避免过于严肃的设计，可以轻松地将古典元素应用在设计造型中，适度地夸张和变形。如图6-27所示为以古典元素为联想和想象的主题而又具有浪漫特色的造型设计。

3. 夸张变异主题的联想和想象

该主题要求造型变化比较夸张，比如：绘画中的涂鸦、人体行为艺术、各种肌理效果、人体彩绘艺术等，可以让人联想到狂欢节、西方爵士音乐、超现实主义艺术等内容。在妆面和发型的表现上，可以参考各种西方狂欢节的夸张元素进行创意，服装上可以标新立异，尽量多用大量占有空间的造型，整体造型表现一种狂放不羁的感受。如图6-28、图6-29和图6-30所示为夸张变异主题的表现。

（a）

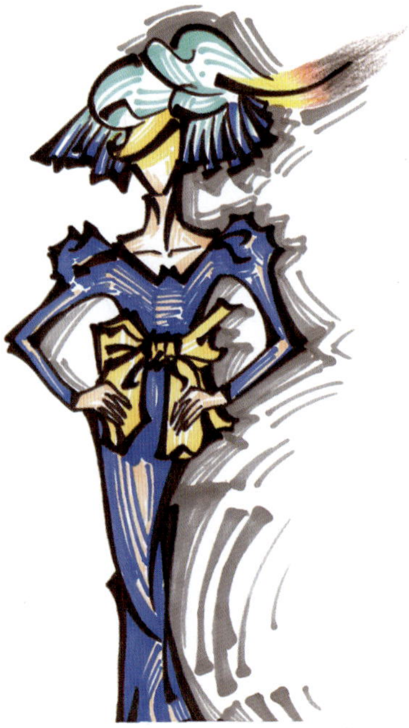

（b）

图6-28　夸张变异元素的表现1

（a）

（b）

图6-29　夸张变异元素的表现2

（a）

（b）

图6-30　夸张变异元素的表现3

4. 动漫人物主题的联想和想象

动漫人物造型是根据脚本的要求，通过设计动漫人物的身份、年龄、性别、个性特点等，来设计其整体造型，一般其造型都要进行比较夸张的设计，比如：化妆比较富有表现力、发型夸张复古、服装中西结合或者古代和现代元素结合等，以此体现动漫人物的个性，并吸引读者。如图6-31和图6-32所示为动漫人物主题的造型设计，该造型中体现了中国古典元素的特点，服装的袖子有西方晚礼服的特色，是典型的中西结合造型设计。

（a）

（b）

图6-31
动漫人物的造型设计1

（a）

（b）

图6-32
动漫人物的造型设计2

（a）

（b）

图6-33　戏剧人物主题表现

（a）

（b）

图6-34
以埃及艳后为主题
的造型设计表现1

5．戏剧人物主题的联想和想象

戏剧人物造型一般也比较夸张，比如：京剧造型的服装、化妆、脸谱等，都可以作为联想和想象的主题。如图6-33所示为以京剧造型为主题的设计，人物造型既古典又时尚，非常独特，表现技法细腻真实。

6．埃及艳后主题的联想和想象

埃及艳后即克丽奥佩托拉七世，是古埃及托勒密王朝的最后一任法老，她是传说中古埃及美艳性感的代名词，在影视作品、动漫人物等造型设计中，有很多表现埃及艳后的造型设计，一般体现她妖冶性感的特征，并通过她体现古埃及女子的化妆和服装造型。如图6-34和图6-35所示为以埃及艳后为主题的造型设计。

（a）

（b）

图6-35　以埃及艳后为主题的造型设计表现2

第三节　时尚主题的艺术表现

一、时尚主题的方案设计

时尚可以被定义为一种在特定时段内率先由少数人尝试、后来逐渐为社会大众所崇尚和效仿的生活样式。在服装或者化妆造型，以及各个领域中，时尚即一种流行趋势，并成为一个时期或者一个时代在这些领域中的代名词，并在以后的时代反复被效仿和创新性地应用。

二、时尚主题的艺术表现方法

时尚往往是形容一个人、一类事物整体的状态，比如穿着、言行、气质、风格等。在人物造型设计中，时尚是结合流行的元素和细节，经过拼凑和搭配，体现出个性和品味。

1. 青春时尚主题的艺术表现

时尚的主题也是非常丰富的，可以是青春靓丽的、夸张变形的、性感妩媚的、妖艳诱人的，每一种类型的造型都可以时尚。如图6-36所示为青春靓丽时尚主题的表现，如图6-37所示为传统旗袍时尚元素的表现。

2. 夸张时尚主题的艺术表现

夸张的时尚主题一般是指造型设计夸张大胆、与日常生活造型对比起来非常不同，更

图6-36 青春时尚元素的表现

图6-37 旗袍时尚元素的表现

（a）（b）

图6-38 夸张的时尚主题表现

多地体现设计者个性的表达，其内容可以非常丰富。如图6-38中图（a）所示为以中国祥云图案为时尚主题的夸张联想，祥云被应用在服装的部分细节处；图（b）的风格更接近中国古代的飞天造型，飘逸灵动。

如图6-39所示为夸张的晚宴主题创意造型设计，重点夸张了人物的发型、服装的肩部、腰部、袖子等部位，整体造型夸张庞大，气场强大。

中国民间传统元素也有很多可以进行联想和想象的主题，中国民间的秧歌非常有民间特色，夸张的丝绸扇子、宽大的服装、夸张的服装款式、淳朴的色彩搭配，都非常具有民间特色，设计师可以通过对该主题的联想和想象进行各种风格的创意设计。如图6-40所示为以秧歌为主题的创意造型设计，其中重点夸张了人物手持的扇子，整体造型夸张而独特。如图6-41所示为飘逸浪漫风格的晚宴主题造型设计。

图6-39　夸张的晚宴主题创意造型设计

图6-40　以秧歌为主题的创意造型设计

图6-41
飘逸浪漫风格的晚宴主题造型设计

（a）

（b）

图6-42
创意晚宴整体造型设计

第四节　创意晚宴主题的艺术表现

一、创意晚宴主题的方案设计

晚宴造型一般应用在重要的晚会、宴会、年会、舞台演出、主持人、高雅的社交场合等，一般要表现出人物雍容华贵、典雅大方、端庄等特点，因为应用的场合不同，晚宴造型会有不同的造型设计，比如：新娘晚宴造型、宴会晚宴造型、社交晚宴造型、创意性（展示性）晚宴造型。根据不同风格的需要，化妆、发型和服装方面，也应该有不同的对应设计。

创意性晚宴造型一般用来展示设计师的创意能力，主要用于展示和交流，其创作空间非常宽泛，因此给设计师非常大的创作空间，设计师可以充分发挥个性进行大胆创意和展示。

二、创意晚宴主题的艺术表现方法

1. 晚宴整体造型表现

如图6-42所示为晚宴整体形象设计，晚宴服的设计要求适当袒露肩部、背部等体现女性性感特征的部位，发型要求符合晚宴（会）高贵典雅的气氛，在图6-42中，胸部V字形的设计很有特点，底摆的层叠设计、绿色的面料和有深浅变化的处理也很有创新。如图6-43所示为简洁风格的晚宴整体造型设计，其中斜肩和斜裁底摆的设计都很有创意，发型简洁明快，显得整体形象非常干练，暖色的衣料也显得女性味道十足。

2. 创意表演整体造型表现

如图6-44所示为创意表演风格的发型设计，该作品应用了中国古代的发型元素，非常具有装饰性和表演性。如图6-45所示为创意表演风格的整体造型设计。在此类造型设计中，首先确定主题，或者

（a）

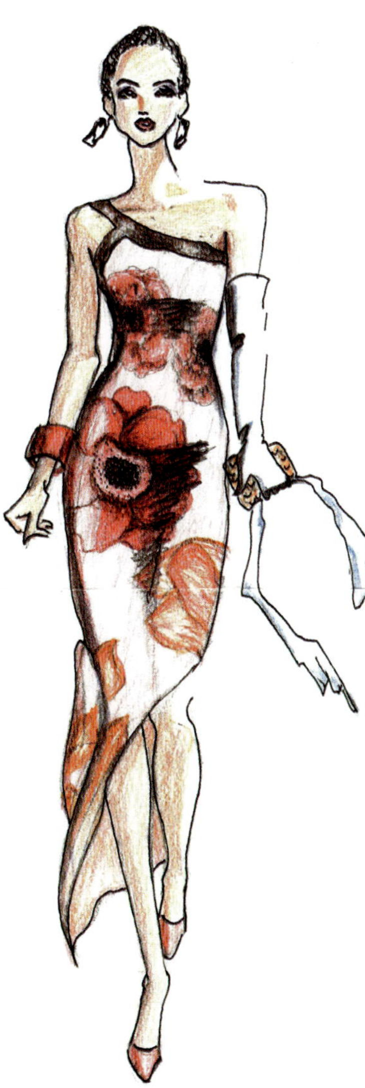

（b）

图6-43
简洁风格的晚宴整体造型设计

（a）

（b）

图6-44　创意表演整体造型1

（a）

（b）

图6-45　创意表演整体造型2

根据表演的要求来设计。图（a）中的造型是以鱼为联想主题，因此整体风格中有鱼鳞片造型多次出现，色彩上进行了大胆创新，发型设计也比较符合该主题。图（b）中的造型具有异域风格特征，设计很大胆，混搭的风格也很有创意，蓝色和橙色的互补色搭配体现了设计者对色彩搭配的独特认识。

3. 创意西方晚宴造型表现

西方晚宴造型是现代晚宴造型中最常模仿的样式，其服装特点是袒露女性的一些性感部位，以此体现女性的成熟美和性感美，在服装面料的应用上，一般采用高档华贵的面料，也可以采用不同材料进行混搭。进行创意设计的时候，可以进行大胆的夸张，使其具有表演性特色。如图6-46所示为以西方晚宴造型为灵感的设计，宽大的蓬蓬裙，纤细的腰围，袒露的肩部，充分体现了女性的性感美。

4. 西方宫廷晚宴创意造型表现

17~18世纪的西方，宫廷服装服饰造型非常有特色，是现代晚宴造型的重要模仿对象。其整体造型呈沙漏型，强调女性的细腰和下半身的膨大造型，体现女性雍容华贵的美感，头饰品夸张而富有创意，可以用羽毛、纱料、鲜花、丝绸等各种材料或名贵饰品来造型。如图6-47所示为典型的西方古代宫廷晚宴创意造型设计。

5. 现代晚宴创意造型表现

现代晚宴造型在很大程度上依旧是按照西方晚宴造型的特点，服装要体现女性的性感，化妆造型比较浓重，发型以盘发为主进行各种创意性变化，也可以根据不同的需求，体现人物典雅、大方、纯净等美感，还可以用各种不同元素为灵感来源，体现不同的特色。如图6-48所示为性感风格的现代晚宴创意造型。如图6-49所示为清新风格的现代晚宴创意造型，该造型更适合刚成年的年轻女性。

（a）　　（b）

图6-46　创意西方晚宴造型

（a）

（b）

图6-47　西方古代宫廷晚宴创意造型设计

图6-48
性感风格现代晚宴创意造型

（a）

（b）

图6-49
清新风格现代晚宴创意造型

（a）

（b）

实训项目

项目综述

整体造型设计中的色彩选择包括很多因素，如在前两节讲到的化妆色彩、发型色彩、发饰色彩等，而其中最重要的是服装服饰的色彩，因为服装服饰的色彩占有面积比较大，会给人一个宏观的色彩冲击力。所以，在整体造型设计的色彩选择方面，应该是先确定设计主题和思路，确定了设计方向，就可以根据所学色彩知识，进行整体色彩搭配了。

1. 在整体造型的色彩选择上，要注意以下几点

（1）设计主题要明确，设计色彩定位要根据受众的特点而定。

（2）进行局部色彩的选择时，要有整体色彩的观念。

（3）局部色彩不能过于突出，或者压制了主要色调，否则会造成整体效果的混乱。

2. 项目介绍

晚礼（宴）造型来源于西方社交活动，在晚间正式聚会、仪式、典礼上应用。女性一般穿裙长及脚背的晚礼服，面料追求飘逸、垂感好，颜色以黑色最为隆重。晚礼服风格各异，西式长礼服袒胸露背，呈现女性风韵。中式晚礼服高贵典雅，塑造特有的东方风韵，还有中西合璧的时尚新款。

项目要求

要求设计整体晚礼（宴）造型，在服装的设计上，要体现晚礼（宴）服搭配的造型特点，即：服饰应选择典雅华贵、夸张的造型，凸显女性特点；化妆色彩应该根据模特

的肤色和个性特点，与服装色彩相协调，由于有强烈灯光照射的原因，妆面要浓于生活妆；发型造型一般以盘发为主，发型的色彩可以与服装形成系列色、同类色，或者为了突出发型，设计成对比色。如图6-50所示为晚宴中常用的简洁、轻便的整体造型效果；如图6-51所示为应用在比较夸张的场合或者表演中的晚礼整体造型效果。

项目名称	晚礼（宴）整体造型色彩设计
环境要求	配备桌椅的专业美术教室，有作品展示墙，便于随时展示学生绘画作品和作品讲解之用；有多媒体设备，方便观看图片资料。
材料要求	学生自备彩色铅笔、色粉笔、马克笔、素描纸、画板、铅笔、橡皮等一系列绘画工具。
知识技能要求	具备色彩基础知识、具备色彩和化妆造型创意能力、具备基础绘画能力、能熟练应用各种色彩工具。

操作步骤

1. 项目分析

（1）概念分析 晚礼（宴）整体造型是女士整体造型中档次最高、最具特色、充分展示个性的样式。随着社会经济文明的发展和高雅仪态、礼仪的国际化趋势，多指出席盛大晚宴、舞会、歌剧院、音乐会、婚礼等社交场合需要的造型，既是对自我修养与品位的展现，又是对主人及其他出席者的尊重。

（2）颜色的选择 任何有彩色与无彩色的选择对晚礼（宴）整体造型来说都是可以的，关键是服装、发色、配饰的选择等，要与模特的气质和肤色符合，记忆场合符合即可。

图6-50　黑色晚礼服及整体造型效果

图6-51　紫色晚礼服及整体造型效果

2. 效果图绘画步骤

确定好颜色的设计思路和搭配效果，也可以设计一个小草稿，体会一下色彩搭配效果是否满意。

步骤1：如图6-52所示，首先设计好整体造型的姿态，然后根据设计好的整体造型，用白描的表现手法，进行整体效果图的绘制。此过程需要有人体比例关系方面的知识，并熟练掌握绘画技巧，对整体造型有深刻理解。

步骤2：如图6-53所示，应用写实性的绘画技法，用水彩笔开始平涂颜色，为了使画面显得立体感更强，在边缘和突起的部位可以适当留白，形成高光的立体效果。也可以使用自己认为合适或喜爱的色彩工具，如彩色铅笔、水粉颜料等。

步骤3：如图6-54所示，在步骤2的基础上，开始绘画头发、头饰品和皮肤色彩，尤其注重绘画暗影的部分，以体现整体造型的立体感，暗影绘画颜色的选择可以用比平涂更深一些的颜色。

步骤4：如图6-55所示，在步骤3的基础上，用黑色签字笔描绘边缘轮廓，在高光的部位可以断开，显示高光的强烈效果，然后对细节部位进行最后整理。

图6-52　白描整体效果

图6-53　服装上色效果

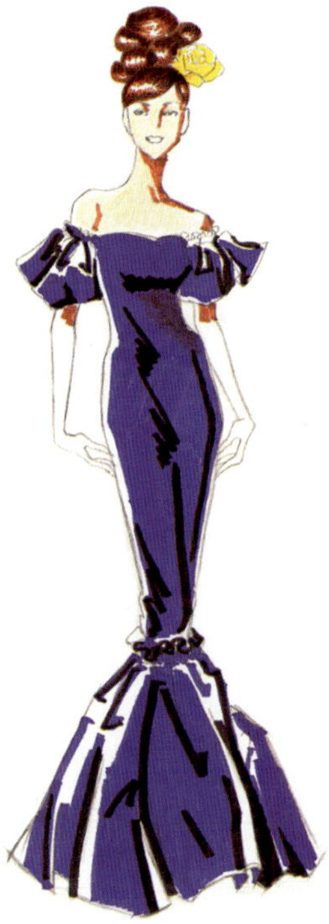

图6-54　绘画饰品色彩效果

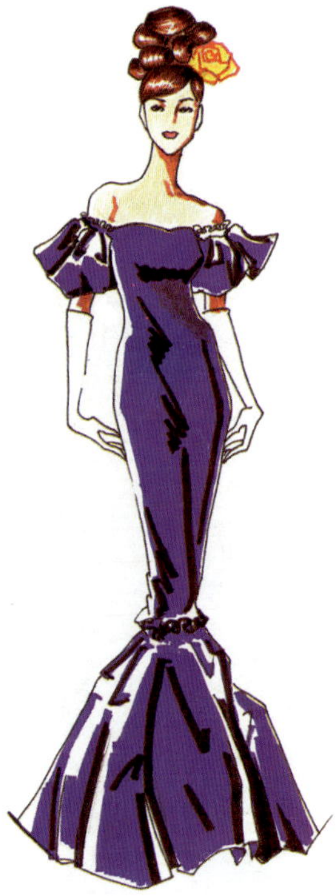

图6-55　完成稿效果

项目小结

1. 主题设计阶段

按照项目要求定位准确，根据要求准确选择能够表达主题的色彩搭配，可以进行小型草图的搭配试验，也可以对各个部分的造型分步骤刻画，体会一下效果。如图6-56所示为绘制的草稿。

2. 绘制阶段

此阶段充分应用了以往所学的素描写生能力和色彩晕染能力，对于写生基础有一定的要求，要能够体会发型的立体感效果，并在绘画中用颜色的深浅、高光等体现出来，使造型更逼真和形象。

3. 整理阶段

对整体画面进行整理，对于认为还不够完美的地方进行必要的修饰，或者内容的增加，进一步烘托主体造型。

造型设计的主题构思非常重要，主题确定了，整体造型的色彩和风格就确定了，如图6-57所示，典型地应用了银河系的白色、银色效果，同时也加入了许多现代元素：珠串、创意的妆面等，黑色的眼影效果与白色形成对比。整体效果时尚而另类。如图6-58所示为从清朝慈禧的整体装束得来的灵感来源，而进行的创意整体设计，在发型上、妆面和服装方面，都进行了全新的演绎和设计，增加了时尚感，体现了模特大气婉约的贵族气质。

艺术构思和色彩创意的来源是极其广泛的，其他艺术门类也是非常好的选择，如图6-59所示，就是应用京剧中的人物造型为灵感来源而进行的整体创意，色彩以大红色为主，其他色彩辅助，整体色彩鲜艳而亮丽，又不失中国传统元素的概念。

仿生主题也是整体造型设计中应用很多的主题，如图6-60所示，典型地应用了海底世界为灵感来源，幽深的蓝色选择显得非常合理，整体蓝色系的搭配也非常和谐，不同材质的面料和配饰的选择，使整体效果很有层次感。

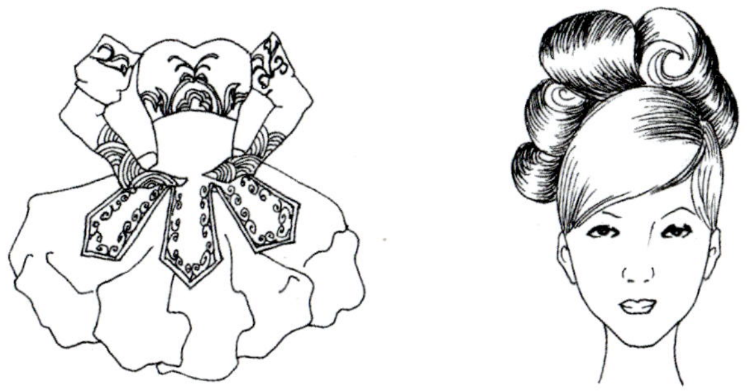

图6-56 绘制草稿阶段

图6-57
炫彩银河
毛戈平化妆学校作品

图6-58
古典创意造型/谭博

图6-59
京剧创意造型
毛戈平化妆学校学生作品

图6-60
有仿生元素的造型
毛戈平化妆学校学生作品

总结归纳

在本章中，我们重点学习了整体人物造型的各种主题表现手法，在进行表现之前，主题的选择是非常重要的，然后要对主题进行分析，并绘制各种风格的草图，根据草图进行反复的修改和琢磨，最终确定整体风格，这是一个非常复杂和繁琐的过程，要有耐心和毅力，最终必然会有好作品诞生。在此过程中，反复的训练以及对优秀设计作品的学习是非常重要的，对各种元素的学习和感悟也非常重要。

思考与练习

1．中国传统元素都有哪些，特点是什么?

2．晚宴造型的特点是什么?

3．创意元素的表现可以体现哪些特色?

实训课堂

1．用彩色铅笔或者马克笔等工具，创作表现动物元素创意整体效果造型作品一幅。

2．用彩色铅笔或者马克笔等工具，创作表现植物元素创意整体效果造型作品一幅。

3．用彩色铅笔或者马克笔等工具，创作表现中国传统元素创意整体效果造型作品一幅。

Chapter VII

第七章 人物形象设计艺术表现的综合技法

教学目的

- 掌握肌理的含义；
- 掌握肌理的艺术表现方法；
- 掌握剪贴法的含义和艺术表现方法；
- 掌握装饰画艺术形式的艺术表现方法。

重点难点

1. 肌理艺术表现方法的选择和表现。
2. 剪贴法的艺术表现。
3. 装饰画的各种表现形式。
4. 装饰画表现技法的实际应用。

教学内容

本章内容主要是讲解肌理、剪贴法和装饰画三种技法的艺术表现，通过这三种比较有特色的表现手法在整体人物形象设计中的应用，体会各种表现手法的特色，并体会各种表现手法的综合应用。多种表现手法的综合应用，可以开拓设计者的设计思路和视野，并锻炼动手能力，与专业实操技能的教学内容尽量接合，体现了专业基础与专业技能课程内容的紧密结合。本章内容的学习，不只是锻炼学习者的手绘能力，更多的是强调实际操作能力的学习。

第一节　肌理技法的艺术表现

一、肌理技法的含义

“肌”是指物体的表面皮肤，“理”是指物体表面的纹理特征。大千世界的物质形态都会有自己的肌理特征，肌理是一种与本质内容密不可分的表现。是认识事物的一种介质。长期的生活经验和阅历，使人看到肌理特征，就会联想到其本质内容。

肌理在设计中的存在形态有如下两种：

1. 视觉肌理

用具备肌理特征的物质形态经过造型上的处理后，直接构成整个设计作品或画面，这也是最常用的一种表现手法。

2. 触觉肌理

用人工再造的形式，在设计作品中通过模仿的手段，再现物质的肌理特征并应用。

视觉肌理只有可视性，没有可触摸性，只是通过视觉器官眼睛看过后，感觉到是具备肌理效果的，所以主要是满足人在视觉上的一种感官刺激，主要应用在绘画作品和平面设计作品中，如图7-1所示的国画作品中，鸟的羽毛肌理效果是绘画出来的，在视觉上会让人感受到柔软的羽毛质感，但触摸起来是没有羽毛质感效果的。

图7-1　绘画作品的视觉肌理

触觉肌理既具有可视性，也具备可触摸性，如图7-2所示为现实生活中的树皮肌理效果，当我们看到树皮的时候，粗糙的纹理既有视觉感受，触摸起来也有真实的手感。在应用过程中，有的时候需要设计者自行制作所需要的各种肌理效果。

图7-2　树皮的粗糙触觉肌理

视觉肌理是一种平面的效果，而触觉肌理具备真实的立体效果，并能够充分发挥设计者的动手制作能力，在视觉上的变化也更加丰富，还可以通过光影的辅助作用，产生更加丰富的特殊效果。

本节重点介绍视觉肌理在人物形象艺术表现中的实际应用。

二、肌理技法的艺术表现方法

视觉肌理也是一种平面肌理效果，这种肌理形式多用于绘画作品中，虽然也会产生一定的三维立体效果，但相对于触觉肌理来说是不明显的。大自然中的物质都有自身的肌理特征，沙砾、石头、木材、纤维等，在视觉肌理创作时，就要把握这些特征，进行模仿、借用，重新组合。

视觉肌理的表现形式雷同于平面构成的表现形式，主要有：

重复构成：将小单元不断地进行重复放置，形成一种单一的重复美。

渐变构成：将小单元按照大小的渐变、位置距离的渐变组合在一起。

对比构成：将不同肌理效果放置在一起，由于彼此之间肌理的不同而形成了一种对比。

聚散构成：将小单元按照聚散关系放置，形成韵律美感。

事实上，视觉肌理的构成形式并不局限于以上几种，在设计的过程中，设计者会有很多的创新和发现，并与平面构成紧密联系起来。

视觉肌理的制作可以分为三种：徒手描绘、利用工具材料制作和前两种方式的综合。

（一）徒手描绘

徒手描绘是视觉肌理最常见的表现形式，所使用的工具主要是笔。笔的主要类型有：一是硬笔，如铅笔、炭笔、炭精条、油画棒、钢笔、竹笔；二是软笔，如毛笔、排笔、板刷等；三是代用笔，如纸团、布团、泡沫塑料以及刮刀和砂纸以及能在画面上留下痕迹的可以应用的代用物。如图7-3所示为画笔描绘平面肌理的效果；如图7-4所示为用画笔描绘的肌理效果作品，配合色彩的搭配，其肌理会使人产生心理联想和层次空间效果。

图7-3　画笔描绘肌理演示

图7-4　画笔描绘的肌理

使用画笔徒手描绘的肌理效果主要是为了凸显画笔的肌理，因此最终效果相对粗糙，比较适合使用在表现相对粗犷、豪放风格的艺术表现效果中，如图7-5所示为用画笔干擦的肌理技法来表现毛衣、粗毛呢的效果，以此体现服装面料的厚重感。

徒手描绘可以借助一些工具，如直尺、模具等，用手直接进行控制来操作，同绘画过程是一样的，其操作过程完全是由设计者的主观意识来控制，所以在作品中倾注了制作者的情感。

图7-5 徒手描绘肌理的应用表现

（二）利用工具材料制作

1. 拓印法

就是将物质表面的真实肌理通过各种方法和手段转移到画面上来，其原理与碑帖的拓印雷同，还可以将此方法细分为如下几种。

（1）直拓法 首先选择具有肌理效果的材料，然后可以按照需要的形状将材料进行裁剪，在材料上涂上需要的颜色，将其放置在准备好的画纸上，也可以用滚筒或刷子辅助进行对印。如图7-6所示为用手掌涂好颜料然后对印在画纸上的肌理效果。如图7-7所示为利用各种叶片，涂好水粉颜料后对印在画纸上的肌理效果。需要注意的是，在制作的过程中，最好事先进行试验，因为如果颜色涂得过多，对印之后就会模糊成一片，不能很好地呈现肌理效果，而如果颜色过少也不能呈现出材料明显的肌理。

如图7-8所示为结合了硬纸团、有纹理的纸张两种肌理效果的实际应用，橘色的肌理是使用了一种有纹理的装饰纸，将纸刷了颜料之后对印在效果图上，蓝色是使用了硬纸团蘸水粉颜料对印的效果。不同的肌理效果结合应用也非常具有美感，设计者可以根据自己的需求进行多种肌理的综合应用。

直拓法还可以是材料多次重叠在一起压印，让各种肌理效果叠加，边缘还可以按照需要进行修剪，颜色也可以多样化，这样变化的方式就更加丰富了。

图7-6 手纹肌理对印效果

图7-7 叶片肌理对印效果

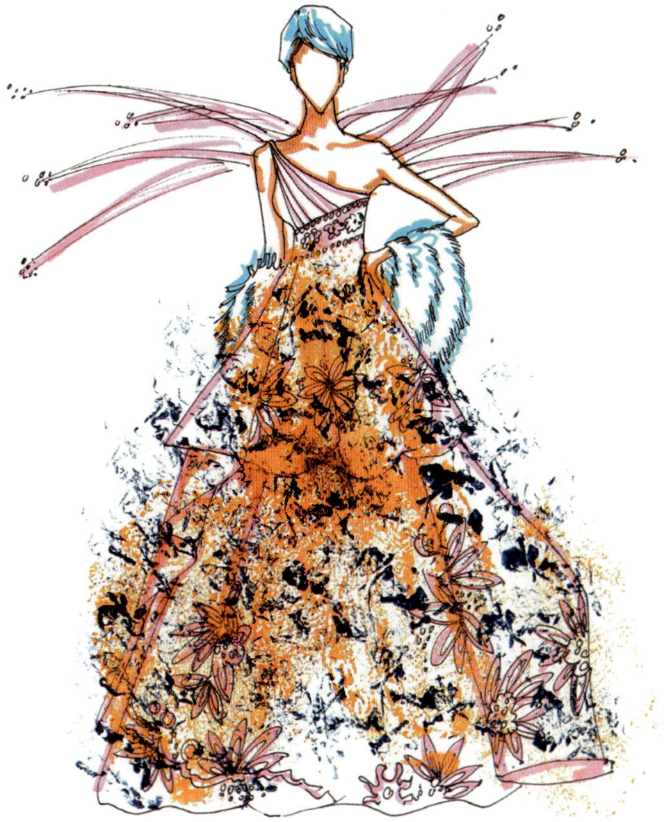

图7-8　综合肌理效果艺术表现

图7-9　纸团对印肌理效果

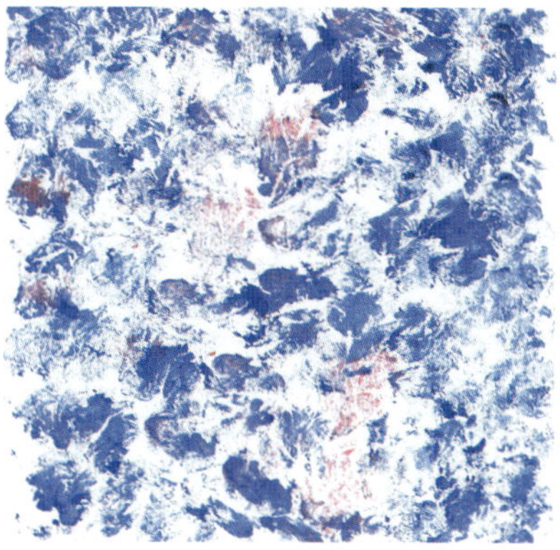

图7-10　海绵对印肌理效果

（2）揉皱拓印法　将纸、海绵等材料揉皱成团，蘸上颜色，在画纸上印制需要的造型，也可以将纸先涂颜色然后揉皱，再印制造型。如果需要多种颜色，就将此过程多次进行，这样可以形成斑驳的效果。如图7-9所示为利用纸团揉皱后，蘸满水粉颜料对印后形成的肌理效果。如图7-10所示为利用海绵团成团后，蘸满水粉颜料，对印在画纸上的肌理效果，在淡蓝色的衬托下，最后呈现的效果非常像轻柔的羽毛，这就是肌理效果带给人的通感。

如图7-11所示为用手帕纸蘸水粉颜料对印的肌理效果，手帕纸相对柔软，肌理效果也相对柔软，为了体现层次感，使用了两种不同的颜色，在应用的时候，还进行了疏密效果的处理。

图7-11　手帕纸对印肌理效果艺术表现

（3）压印法 这种方法比较像传统的印章制作，是利用软泥、石头、木料等材料，磨平后进行刻制，可以刻制成自己想要的图案或文字，然后压上印油或颜料，对印到画面上。此过程将材料本身的肌理体现出来了，也进行了肌理的创新，可以随心所欲地进行设计。

（4）漂浮拓印法 将稀释过的油画、墨汁或颜色轻轻浮在水面上，并且可以轻微搅动，使其形成一定的图案，然后将画纸平铺在水面上，等画纸吃进颜色后揭起来，这样就使水面的图案印制在了纸上。漂浮的颜色和图案都是可以进行设计的，可以多种颜色搭配，或者吹动水面，如图7-12所示为水肌理的对印作品。此方法也可以使用国画宣纸，还可以多种颜色对印，如图7-13所示为多次对印多种颜色后的效果，非常像雪花的纹理，极具韵律感。漂浮拓印法过程形成的肌理效果都非常柔美，作品像烟雾一样朦胧、柔和，也很像中国画的表现技法。

此方法需要注意的是，在掀起画纸的时候一定要非常小心，否则就会造成颜色流淌而完全破坏了画面，达不到想要的效果，前功尽弃。

（5）擦印法 将纸揉皱成团，然后蘸上颜料，在画纸上擦，可以改变揉皱的效果，也可以改变颜色，使画面更加丰富，创造出理想的效果。

徒手绘画形成的肌理效果在图案设计中常被应用，形成的肌理效果由画笔、纸张的肌理等因素决定，画笔蘸的颜料比较少，纸张的肌理比较粗糙，就会形成一种粗犷的肌理感觉，如图7-14所示为徒手描绘的干擦对印效果；而对印法也是设计中常用的手法，只要找到有肌理的材料，蘸满颜料后就可以对印，如图7-15所示为人的嘴唇肌理被对印下来的效果。

在制作肌理的过程中，要事先进行颜色、造型等方面的设计，这样才会使作品更加丰富、整体，并充分表达出设计意图。

2. 喷绘法

用喷笔或喷枪将稀释好的颜料喷洒在画面上，喷洒的过程中可以自主设计各种疏密、聚散的变化，使画面形成美感，如果没有喷笔和喷枪，也可以用其他自制的工具代替，如喷壶、牙刷等。

（1）直喷法 将喷的方向直接垂直于画面，注意控制喷出的疏密、聚散效果及大小、颜色方面的变化。如图7-16所示为用牙刷为工具，用直尺刮牙刷毛后喷绘出的肌理效果作品。

（2）侧喷法 喷洒的方向与画面形成一个倾斜角度，喷出的色点会成为条状，使喷洒的效果更加丰富。

（3）喷水喷色结合法 先喷水，再喷颜色，或者反之，颜色就会由于多水而渗透开，如果水的多少不均，会形成清晰和模糊的色点交融效果，产生比较虚幻的图案。

（4）撒盐法 先将画面用水打湿，然后将准备好的盐撒在画面上，在撒盐的时候要注意自己想要的图案效果和疏密关系，如图7-17所示为撒盐法形成的肌理效果作品。此法也是中国画的传统技法之一。

如图7-18所示为利用牙刷喷绘形成的肌理效果实际应用，在喷绘的时候，可以通过控制喷绘的面积、形状和颜色来产生各种变化，为了避免弄脏画面，要把不需要喷绘的位置遮盖起来。

图7-12　漂浮对印的水纹肌理

图7-13　漂浮对印的雪花肌理

图7-14　画笔干擦肌理效果

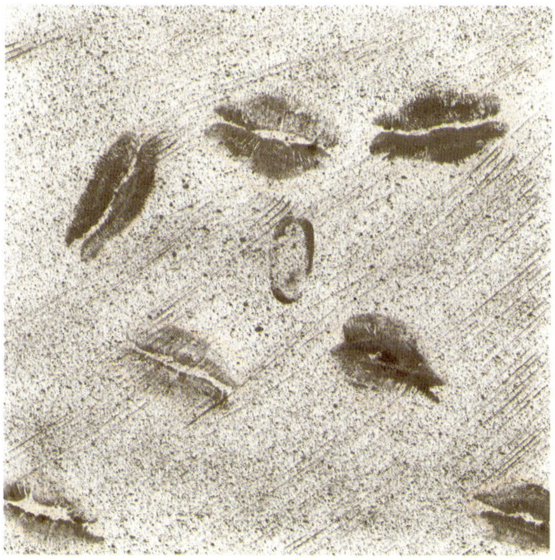

图7-15　对印嘴唇肌理效果

图7-16　牙刷喷绘肌理

图7-17　撒盐肌理效果

图7-18　牙刷喷绘肌理的艺术表现

图7-19　滴溅法形成的肌理

图7-20　泼溅法形成的肌理

3. 滴溅法

用笔等工具蘸饱颜料或墨汁，从高处自然滴溅到画面上，或者甩落到画面上，此时会形成颜料绽开在画面的效果，是拓印法、徒手绘画等方法不能达到的效果。

（1）**直接滴溅法**　直接将颜料或墨汁从高处自然滴落，可以调节颜色的厚薄、颜色的种类和层次；也可以调节滴落的高度，来改变滴落的效果；还可以改变滴落的工具，来控制滴落的造型、大小。如图7-19所示为直接滴溅法形成的肌理作品。

（2）**泼溅法**　此方法也是中国画技法中很常见的泼墨方法，尤其是在写意风格的作品中。方法是用容器盛好颜料，然后向画面泼洒，根据需要控制泼洒的面积大小，可以反复泼洒，也可以用多层次的颜色进行泼洒。如图7-20所示为用毛笔蘸满墨之后，直接泼溅形成的国画风格肌理效果作品。

（3）**甩溅法**　使用毛笔、水粉笔、板刷、排笔等工具蘸满颜料，然后向画面甩动，来产生肌理效果，在甩动的过程中，其方向和力度都是可以控制的，也可以调节颜色和使用工具，这样画面的效果就会显得更加丰富。甩动的痕迹可以是直线的，还可以是弧线的，还可以是色点。

（4）**磕溅法**　将含有颜料的笔磕在另一个工具上，颜料由于磕在硬质的工具上，会滴溅下来，随着磕溅力度的大小会形成落点的大小和多少，在画面上形成各种大小不一的点子，达到不同的肌理效果。

图7-21　滴溅法肌理效果的艺术表现

图7-22　水墨流淌效果

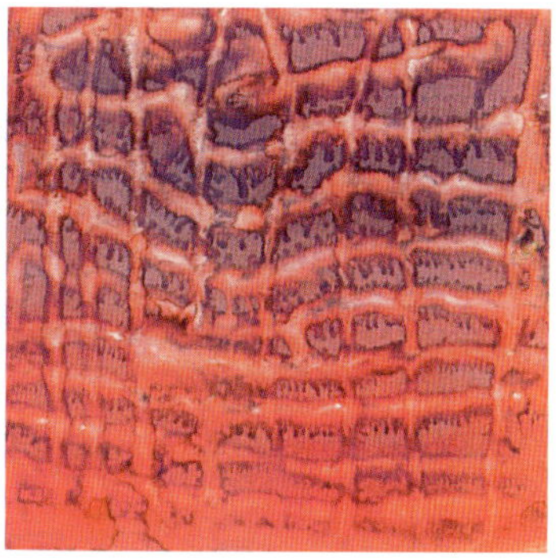

图7-23　流淌肌理作品

如图7-21所示为滴溅法肌理效果的艺术表现，这种肌理效果相对清新自然，适合表现清爽的夏季服装、纯净的整体效果等，在使用的时候，为了让变化效果更加丰富，可以在滴溅点子的疏密、颜色多少等方面进行变化。为了滴溅效果更好，注意颜料不要调得太稠。

4. 流淌法

是将颜料稀释后，放置在画面上，然后让其自然流淌，形成流淌的痕迹，在流淌的过程中，可以人为地采用一些办法，如使画纸倾斜，或者改变色料的干稀程度，改变其流淌的轨迹，控制其流淌的方向等，都会产生不一样的效果。

（1）自然流淌法　首先预备大些的画纸，使流淌的颜料先从画面外开始，倾斜画纸，控制流淌的方向和形状、流淌的长度和粗细等，如果有的位置颜料过干，不能再继续流淌，可以用吸水纸将多余的颜料吸走，也可以根据需要让其滞留在原地。如图7-22所示为水墨自然流淌肌理效果，如图7-23所示为多色彩反复流淌后形成的肌理效果，在不同颜色的衔接处还形成了自然的晕染，效果非常独特。

如图7-24所示为流淌肌理的艺术表现效果，通过不同颜色的流淌，颜色之间也产生了碰撞，形成了新的颜色，不同粗细线条的表现，使作品整体效果非常现代派，具有粗犷豪放的风格。

（2）干预流淌法　在画面上人为设计一些凸起的纸片、砂纸、毛线等障碍物，以改变颜料流淌的方向和形状，可以产生更丰富的肌理效果。

（3）吹流法 用吸管作为工具，吹动稀释好的颜料，使其流淌进而改变方向和形状，通过此方法形成的肌理一般是比较纤细的分叉，非常适合表现树枝、树杈等自然物象，也非常像国画作品中老树横生的效果。如图7-25所示为吹流法形成的肌理效果作品。

如图7-26所示为吹流法的艺术表现应用效果，在此作品中，采用了多种色彩，颜色在流淌的过程中也产生了相互之间的渗透和晕染，与手绘效果结合，整体艺术效果很有特色。

5. 挤压法

将颜料滴落在比较平滑的物体表面，比如玻璃板、金属板等，然后用另外一块压在上面，可以拉动也可以不动，板子上就会有丰富的肌理图案呈现。然后将纸覆盖在图案上，再掀起来，板子上的肌理和图案就拓印在纸上了。

图7-24　流淌肌理的艺术表现效果

（a）　（b）

图7-25　吹流法肌理作品

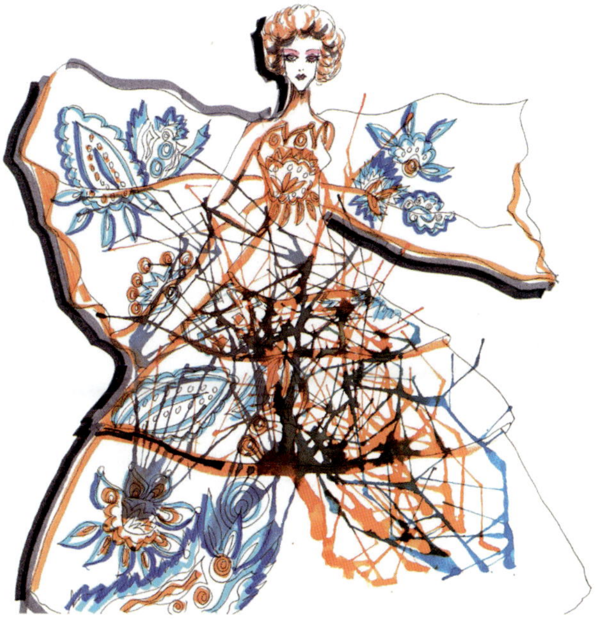

图7-26　吹流法的艺术表现效果

图7-27　平压法肌理效果

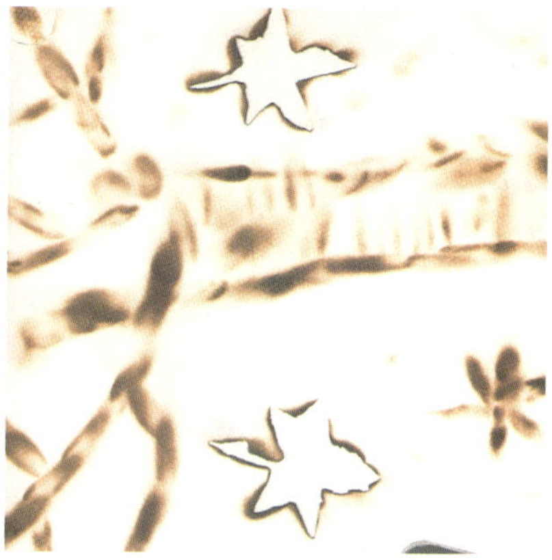

图7-28　烙烫法肌理效果

（1）平压法　平压法是最常见的一种挤压法，直接用玻璃挤压好画面和肌理，然后用纸对印下来。如图7-27所示为用玻璃挤压后，用纸对印下来的玻璃肌理效果。

（2）挤压拉动法　挤压拉动法是希望肌理的效果增加一些变化，在挤压的基础上，略作移动，颜色边缘会变得更加清晰，而且拉动也增加了人的主观能动性。此过程也可以多次重复，尤其是在一次挤压拉动后不太满意的时候，还可以做各种不同的底板，然后对印到一个画面上。

6. 熏炙烙烫法

使用热能源为工具，进行熏烤或者火烧、烙烫，产生出肌理，常用的热能源工具有打火机、火柴、电烙铁、熨斗、蚊香、香烟等。在开始熏炙的时候，要事先进行肌理纹样的设计，熏炙后会产生烟雾的痕迹和烤过的残痕，有一种特殊的美感。也可以进行多次熏炙，直到满意为止，所需要的材料以纸材为主，硬纸板、报纸、牛皮纸、木材等均可，也可以多种材料综合应用，这样可以有更多的变化。如图7-28所示为烙烫后形成的肌理效果。

如图7-29所示为烙烫法肌理的艺术表现，在此作品中，在画好的作品上再进行烟熏和烙烫，通过控制颜色的深浅来产生一些变化，以此体现空间层次感。

图7-29　烙烫法肌理的艺术表现

第二节 剪贴技法的艺术表现

一、剪贴技法的含义

用各种不同的材料剪裁好后，拼贴在画面上，平铺或者层叠铺，就可以产生不一样的效果。材料可以是各种纸张、布料、废旧木片、刨花、铅笔木屑、绳子、毛线、树叶、花瓣等，此方法已经涉及触觉肌理，是一种既可视也可以触摸的综合肌理构成形式。如图7-30所示为以彩色报纸为材料制作的拼贴肌理效果。如图7-31所示为以毛线为材料制作的拼贴肌理作品。

如图7-32所示为应用各种彩色的硬纸进行剪贴的作品，此类作品在制作之前，应该先进行主题的设计，然后思考应用怎样的剪贴和折叠方法，再搭配各种颜色，效果就会非常明显，可以简单也可以复杂。

剪贴法在表现的时候，为了使画面更加接近现实中的造型，可以进行更加形象的处理，如图7-33所示，画面中的小草、树叶都比较形象，层次感、立体感很强，由此作品可见，设计者对作品的主观处理是非常重要的。

剪贴法的应用手段是非常丰富多彩的，将现实中的造型进行艺术处理是非常必要的，也就是不应该生硬地模仿现实中的造型。如图7-34所示，该作品中的房顶就进行了艺术化的处理，比较接近鱼鳞片的造型，层叠的前景和树叶的处理，体现了丰富的层次感。

◀ 图7-30 彩色纸拼贴肌理

▼ 图7-31 毛线拼贴肌理

二、剪贴技法的艺术表现方法

在整体人物形象设计中，剪贴技法的应用很普遍，通过应用这种方法，可以锻炼设计者的实际动手设计和制作作品的能力，非常接近实际的整体人物造型制作，反复的演练可以锻炼设计者的三维空间思维能力。如图7-35所示为应用手帕纸进行的剪贴法，在这两幅作品中，虽然应用了同样的材料，但是表现方法不同，图7-35（a）中就应用了两种处理手法，图7-35（b）将纸边卷起，很像晚礼服的效果。手帕纸比较柔软，其造型效果也比较柔和。

不同的纸张，由于其质地的不同，表现效果必然非常不同，如图7-36所示为硬纸的表现效果，裙子底摆的立体效果非常明显，发射状的表现手法也非常有创意。

现实生活中的树叶、花瓣、纸屑、硬币等各种材料，都可以应用在剪贴造型中。如7-37所示为应用花瓣进行艺术处理表现的造型，在造型的时候，可以进行花瓣大小的选择、疏密关系的处理、花瓣种类及颜色的选择等，这样可以使整体效果变化更加丰富多彩。

塑料布是生活中很常见的材料，可以取自塑料袋、包装袋等，应用的时候，可以选择不同颜色、不同质地、不同造型手法来表现，整体造型类型也可以非常丰富：休闲、晚宴、创意等，如图7-38所示为应用塑料布进行剪贴的造型，在这两个造型中，还结合了硬纸、铅笔屑等材料。

图7-32　剪贴法表现

图7-33　具象化的剪贴法

图7-34　经过艺术处理的剪贴作品

（a）

（b）

图7-35　手帕纸剪贴法的艺术表现

图7-36　硬纸的剪贴效果

图7-37　花瓣的剪贴效果

（a）

（b）

图7-38　塑料布剪贴法的艺术表现

（a）

（b）

图7-39　纸的剪贴法艺术表现

不同纸张的结合，可以体现不同的艺术表现效果，如图7-39所示为综合应用了软纸、硬纸、皱纹纸、图案纸、彩色纸等剪贴成的效果，这两幅作品的表现手段都非常丰富，图7-39（a）在裙子的下摆处进行了细碎的硬纸剪贴处理，与大面积的白色柔软手帕纸结合，非常有特色。图7-39（b）中将皱纹纸处理成条状，体现了裙子的飘逸感。

同样质地的纸材料，在表现的时候，为了避免画面效果过于单一，可以在色彩、造型等方面进行变化，如图7-40所示，在图（a）中，同样的硬纸材料，色彩变化丰富、裙子底摆折叠成纸扇子的造型，使整体造型出现了丰富的变化。

综合各种不同材料应用在整体造型上，可以体现独特的表现形式，如图7-41所示，应用了软纸、装饰亮片、珠子等材料，材料的造型也进行了处理。如图7-42所示，将长条状的纸进行卷曲处理，形象成花蕊的造型。

剪贴画技法可以培养设计者选择材料、加工材料和创造性地运用材料的能力，通过对材料的选择、加工、剪贴、拼接、组合等过程，反映设计者的审美观和动手制作能力。

（a）

（b）

图7-40　同种纸的剪贴法艺术表现

图7-41　多种材料综合运用的剪贴艺术表现

图7-42　不同技法综合运用的表现

第三节　装饰画技法的艺术表现

一、装饰画技法的含义

装饰画的主要用途是装饰各种内部和外部空间，并不强调很高的艺术性，但非常讲究与环境的协调和美化效果，它根植于民族和民间艺术，运用夸张、省略、变形等艺术手法，体现简洁、明快、优雅又独特的艺术风格，是对现实生活的一种高度艺术概括和提炼加工，重视艳丽或者独特的色彩搭配，注重装饰性，在造型设计和色彩的搭配上，都可以突破常规。一般分为具象题材、意象题材、抽象题材和综合题材等。

由于装饰画独特的特点，经常被应用在各类表现形式中，比如：人物形象设计表现、服装服饰设计、广告设计、招贴设计、封面设计等。

如图7-43所示为手绘暖色调的装饰画，暖色搭配可以达到温暖、温馨的效果，用无彩色合理分离，还可以使暖色的搭配避免产生过于温暖、暧昧不清的感觉。该作品造型设计优美，用平涂沟线的手法处理画面，体现了节日的喜庆气氛，黑色的合理应用还产生了阴影的效果，使整个画面立体效果更强。

装饰画一般多采用平面化的处理手法，色彩基本以平涂为主，在画的过程中，要注意画面色彩的搭配效果，色彩的应用在装饰画中非常重要。如图7-44所示的作品中，黑色作为主要的底色，各种原色是画面的主题颜色，整个画面主题突出，色彩的搭配在其中起到了重要的作用。

图7-43　民间风格的装饰画

图7-44　音乐海报装饰画

二、装饰画技法的艺术表现方法

如图7-45所示为用互补色作为主色调搭配的装饰画作品，由于互补色的搭配会使画面显得非常鲜艳、刺眼，因此，常用无彩色隔离、调和作品。图7-45中的无彩色（黑色、白色和灰色）以线条的形式出现，穿插在艳丽的互补色之间，隔离了互补色，避免了大面积互补色对比过于刺激的视觉效果，达到了调和色彩的作用和目的，并且没有破坏整体画面的亮丽效果。

在图7-45中，人物形象的设计具有典型的民族风格，用装饰画的形式表现，更能突出主题的特点，造型和色彩简洁明快，非常具有活力。

以各种花为主题的装饰画风格非常繁多，可以将花的造型直接应用在作品中，也可以进行装饰性的处理，比如：将花朵简化和提炼，将花的造型进行变形处理，将花朵的色彩进行艺术处理等。如图7-46所示中，就是将花朵进行装饰性提炼和变形，应用在整体人物的形象设计中，体现了该造型唯美、典雅的特点。

装饰画的表现类型和表现手法非常多样化，比如：民族风格、典雅风格、浪漫风格等。如图7-47所示为唯美风格的装饰画整体人物形象艺术表现，此作品浪漫唯美，非常具有女性气质，图案、线条的设计以曲线为主，色彩用黑色和艳丽的颜色搭配，画面布局

图7-45　民族风格装饰画艺术表现

图7-46　花主题的装饰画艺术表现

图7-47　唯美风格的整体人物形象设计表现

也非常注重线条和色彩的位置关系，是非常具有个性风格的、优美的装饰画整体人物形象设计作品。

传统中国民间装饰画的风格是：色彩艳丽、大块面处理画面、图案以各种夸张变形的花卉为主，这种风格比较适合表现民族风格的整体人物形象设计。如图7-48所示为一幅典型的民族风格装饰画人物形象设计表现作品，在该作品中，颜色以紫、绿、黄等纯色为主，色彩非常具有视觉冲击力。

西方民族风格的装饰画也是一个特别的分类，在这类作品中，一般采用独特的西方图案来体现，如图7-49所示为具有西方装饰画风格的人物形象设计表现，背景图案非常接

图7-48
中国民间风格的整体人物形象设计表现

图7-49
西方装饰画风格的人物形象设计表现

图7-50 装饰性发型艺术表现

近非洲部落民族的特色，色彩与中国民间元素相似，以艳丽的颜色搭配为主，这种风格的图案经常被应用在服装服饰设计、人物化妆造型设计中。

装饰画风格在化妆和发型设计中的应用也非常普遍，应用此种艺术表现手法，适合表现装饰性强、唯美简练的造型，如图7-50所示，该作品就是应用装饰性的画法表现发型，唯美的发型边缘设计很有特色，色彩搭配艳丽夺目，既有现代感又有民族元素。

在中国传统元素中，有很多可以进行装饰性提炼的元素，比如：祥云图案、古典建筑上的图案、古代器皿上的图案和造型、古代服装服饰元素等，在运用的时候，可以先进行提炼，然后再应用在造型中。如图7-51所示为应用中国的祥云图案进行装饰性绘画设计的发型作品，在该作品中，充分体现了祥云图案的曲线美感，色彩以互补色为主，设计的时候，造型要兼顾大小、线条粗细、虚实等各种变化，以此体现造型美感。

装饰画的色彩一般比较艳丽，如果需要弱化艳丽的色彩搭配，可以在设计的时候，运用无彩色进行穿插或者调和，如图7-52所示为应用了白色调和艳丽的互补色的结果，在此作品中，人物造型的紫色头发，由于白色的调和，显得过渡柔和自然、唯美清新，与周围环境色彩整体搭配起来，是一幅很有特色的整体人物造型设计作品。

运用装饰画进行整体人物形象艺术表现的时候，要重点把握住其特点：独特的构图、比例造型的夸张变形、色彩的提炼加工等，在此过程中，通过对装饰画的理解，再加入设计者的审美观，塑造出的整体人物形象就会具有丰富的感染力。

图7-51　祥云图案的装饰性发型艺术表现

图7-52　色彩柔和的整体人物造型设计作品

总结归纳

在本章中，我们重点学习了整体人物造型的三种综合表现技法：肌理表现技法、剪贴画表现技法和装饰画表现技法，这三种表现技法都强调动手操作能力的锻炼和学习，比较接近实际的整体人物造型制作，能够与整体人物造型结合，也就是与化妆、发型和服装服饰设计的实际内容接轨。事实上，在实际的设计中，还有很多其他风格的表现技法，我们可以在学习的过程中，不断地去总结和实践。

思考与练习

1．肌理的分类有哪些，各自特点是什么?

2．剪贴法的应用材料是什么?

3．装饰画有哪些特色?

实训课堂

1．用视觉肌理的表现技法，设计和制作整体人物造型作品一幅。

2．用剪贴法的表现技法，设计和制作整体人物造型作品一幅。

3．用装饰画的表现技法，绘画整体人物造型作品、发型设计作品各一幅。

参 考 文 献

1.《服装手绘效果图表现技法》	辽宁美术出版社	刘蓬　著
2.《形象设计表现技法》	化学工业出版社	唐芸莉 主编
3.《美国时装画技法》	中国轻工业出版社	（美）Bill Thames 著
4.《色彩构成教程》	西南师范大学出版社	邹艳红　主编
5.《色彩构成》	湖南美术出版社	曹志强　主编
6.《形象设计艺术表现》	上海交通大学出版社	夏国富　主编
7.《西洋服装史》	高等教育出版社	李当岐 编著

本文部分图片来源及参考学习网站：

1. http://www.lady8844.com
2. www.chinavisual.com
3. www.zcool.com.cn
4. http://www.baidu.com
5. www.nipic.com
6. 壹画网
7. 毛戈平彩妆网
8. 中国美业网
9. 爱美网